环境工程实验方法与技术

HUANJING GONGCHENG SHIYAN FANGFA YU JISHU

苏敏华 彭 燕 黄晓武 等 编著

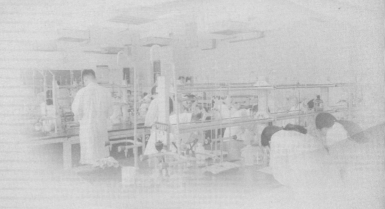

北京理工大学出版社
BEIJING INSTITUTE OF TECHNOLOGY PRESS

内 容 简 介

《环境工程实验方法与技术》介绍了环境工程专业基本概念和基本理论，系统阐述了环境工程专业相关的实验理论、方法与技术。本书共设置了三篇九章。第一篇为实验基础篇，主要内容包括实验操作基础、实验设计、数据处理与分析等。第二篇为常规实验篇，涵盖水、气、声、固废等典型污染物处理的实验理论和技术。第三篇为设计性实验篇，内容包括工业废水、固废等污染物处理的设计性实验和创新性技术。本书力求从实验教学的角度，促进环境科学与工程专业技术人才的培养。本书可作为环境类专业本专科大学生的实验教材，也可作为环境类专业工程技术人员及大中专院校环境工程专业教师的参考书。

图书在版编目（CIP）数据

环境工程实验方法与技术/苏敏华等编著． -- 北京：
北京理工大学出版社，2022.12
 ISBN 978 - 7 - 5763 - 1911 - 8

Ⅰ.①环… Ⅱ.①苏… Ⅲ.①环境工程—实验 Ⅳ.
①X5 - 33

中国版本图书馆 CIP 数据核字（2022）第 236366 号

出版发行 / 北京理工大学出版社有限责任公司
社　　址 / 北京市海淀区中关村南大街 5 号
邮　　编 / 100081
电　　话 / （010）68914775（总编室）
　　　　　（010）82562903（教材售后服务热线）
　　　　　（010）68944723（其他图书服务热线）
网　　址 / http://www.bitpress.com.cn
经　　销 / 全国各地新华书店
印　　刷 / 三河市华骏印务包装有限公司
开　　本 / 710 毫米 × 1000 毫米　1/16
印　　张 / 14.25　　　　　　　　　　　　责任编辑 / 徐　宁
字　　数 / 249 千字　　　　　　　　　　　文案编辑 / 李丁一
版　　次 / 2022 年 12 月第 1 版　2022 年 12 月第 1 次印刷　责任校对 / 周瑞红
定　　价 / 52.00 元　　　　　　　　　　　责任印制 / 李志强

《环境工程实验方法与技术》
编写委员会

主　编：苏敏华　彭　燕　黄晓武

副主编：张发根　刘永慧　陈镇新

编　委：龚　剑　孔令军　李淑更　罗定贵

　　　　庞　博　宋　刚　唐进峰　王伟彤

　　　　吴颖娟　肖唐付　张鸿郭

目 录

第一篇 实验基础篇

第二篇　常规实验篇

第三篇 设计性实验篇

附 录

第一篇　实验基础篇

第一章 环境工程实验的教学目的和要求

一、实验的教学目的

实验教学主要让学生理论联系实际，培养学生观察、分析和解决问题的能力。教学目的如下：

（1）加深学生对基本概念的理解，巩固新知识。

（2）使学生了解如何进行实验方案的设计，并初步掌握环境工程实验研究方法和基本测试技术。

（3）通过实验数据的整理和分析，让学生掌握数据整理和分析的技术，例如，如何收集实验数据，如何正确地分析和归纳实验数据，如何运用实验结果验证已有的概念和理论等。

二、实验的基本流程

为更好地实现教学目标，使学生更好地掌握本课程，下面简单介绍实验的基本流程。

（一）提出问题

根据已经学习和掌握的知识，提出实验验证的基本概念或拟探索研究的科学和工程问题。

（二）设计实验方案

根据所提的问题，确定实验目标，然后设计实验方案。实验方案应包括实验目的、实验装置、实验步骤、测试项目和测试方法等内容。

（三）实验研究

实验研究包括以下内容：

（1）根据设计好的实验方案进行实验及测试。

（2）收集实验数据。

（3）整理和分析实验数据。

实验数据要及时整理和分析，这是实验工作的重要环节。实验者必须经常用已掌握的基本概念和相关专业理论知识分析实验数据。通过分析数据加深对基本概念和研究体系的理解，并发现实验设备、操作运行、测试方法和实验方向等方面的问题，以便及时解决实验过程所遇到的问题，使实验得以顺利进行。

（四）实验总结

通过实验数据的系统分析，对实验结果进行总结。实验总结包括以下内容：

（1）通过实验掌握了哪些新的知识。

（2）能否解决提出的科学或工程问题。

（3）能否证明文献中的某些论点。

（4）实验结果是否可用于改进现有的工艺、技术、运行条件或用于设计新的工艺和设备。

（5）当实验数据不合理时，应分析原因，提出新的实验方案。

三、实验的教学要求

（一）课前预习

为完成好每个实验，学生在课前必须认真阅读实验教材、查阅书籍和文献，清楚地了解实验项目的要求和目的、实验原理和实验内容，写出清晰明了的预习报告。预习报告包括以下内容：

（1）实验目的。

（2）实验内容。

（3）实验设备及药品。

（4）测试对象及测试方法。

（5）实验步骤和流程。

（6）实验注意事项。

（7）实验记录表格。

（二）实验设计

实验设计是实验研究的重要环节，是获得满足要求的实验结果的基本保障。在实验教学中，可将此环节的训练放在部分实验项目完成后进行，以达到使学生掌握实验设计方法的目的。

（三）实验操作

学生执行实验前应仔细检查实验用具、设备、仪器仪表是否齐全和正常。实验时要严格按照操作规程认真操作，仔细观察实验现象，精心测定实验数据，并详细填写实验记录表。实验结束后，将实验设备和仪器仪表恢复原状，将实验环境清理干净。学生要注意培养严谨的科学态度，养成良好的工作学习习惯。

（四）实验数据处理和分析

通过实验获取数据后，学生要及时对数据进行整理，并进行科学分析，去伪存真，去粗取精，以得到正确可靠的结论。

（五）撰写实验报告

撰写实验报告是实验教学不可或缺的环节，这一环节的训练可为今后撰写科学论文或科研报告打下基础。实验报告包括以下内容：

（1）实验目的。

（2）实验原理。

（3）实验设备及药品。

（4）实验步骤及测试方法。

（5）实验数据及数据分析。

（6）实验结果分析与讨论。

（7）实验思考。

对于综合开放设计性实验，要求学生通过查阅有关文献资料，了解和掌握与课题有关的国内外技术状况、发展动态，并在此基础上，根据实验课题要求和实验室条件，提出具体的实验方案。实验方案包括实验工艺技术路线、实验条件和要求、实验计划进度等。综合开放设计性实验的研究报告内容包括以下内容：

（1）课题调研。

（2）实验方案设计。

（3）实验过程描述和记录。

（4）实验结果分析与讨论。

（5）实验结论。

（6）参考文献。

第二章　实验设计

一、实验设计的目的及应用

实验设计的目的是选择一种对所研究的特定问题进行最有效的实验安排，以便用最少的人力、物力和时间获得满足要求的实验结果。实验设计包括明确实验目的、确定测定参数、确定需要控制或改变的条件、选择实验方法和测试仪器、确定测量精度要求、实验方案设计和数据处理等。科学合理的实验安排应做到以下几点：

（1）实验次数合理。

（2）实验数据有效、准确、有说服力。

（3）通过科学处理和分析实验数据，获得最优实验方案，以便明确下一步的实验方向。

实验设计是实验研究过程的重要环节，通过实验设计，可以使实验安排在最有效的范围内，以保证通过较少的实验步骤得到预期的实验结果。如生化需氧量（BOD）的测定时，若预先详细查阅资料或文献，可知 20 天生化需氧量（BOD_{20}）或 5 天生化需氧量（BOD_5）以及两者的最合适的测定次数以获得精确的参考估算值。合理的实验设计，可大大减少人力、物力和时间，提高测量的效率。

实验设计可应用于生产和科学研究中。在生产过程中，人们为达到优质、高产、低能耗等目的，常对相关因素进行优化，从而获得最佳点。在估算数学模型的参数时，通过合理的实验设计，可以获得相关变量的数值及范围，为数学建模提供参考。

二、实验设计的基本概念

（一）指标

在实验设计中用来衡量实验效果好坏所采用的标准称为实验指标，或简称为指标。如在进行混凝实验时，为确定最佳投药量和最佳 pH 值，选定浊度作为评定比较各次实验效果好坏的标准，即浊度是混凝实验的指标。

（二）因素

在科学研究和生产过程中，对实验指标有影响的条件通常称为因素。若在实验中可以人为地加以调节和控制的因素，称为可控因素。如混凝实验中的投药量和 pH 值，是可以人为控制的。若由于技术、设备和自然条件限制，暂时不能人为控制的，则称为不可控因素。如气温、风等对沉淀效率的影响，都属于不可控因素。实验方案设计一般优先考虑可控因素。在实验过程中，需要考察的因素往往不止一个，对于有些因素在长期实践中有较为清晰的认知，可先不考察。若实验过程固定在某一状态，只考察一个因素，则称该实验为单因素实验；若考察因素为 2 个及 2 个以上，这称该实验为多因素实验。

（三）水平

因素变化的各种状态称为因素的水平。某个因素在实验中需要考察它的几种状态，就称为它的几水平因素。因素在实验中所处状态（即水平）的变化，可能引起指标发生变化。如在污泥厌氧消化实验时要考察 3 个因素（温度、泥龄、负荷率），温度因素选择为 25℃、30℃、35℃，这里的 25℃、30℃、35℃就是温度因素的 3 个水平。

因素的水平有些可用数量表示，有些则不可用数量表示。如混凝实验时，混凝剂的选择可以为硫酸铝或氯化铁等。SO_2 吸收净化实验时，吸收剂可以为 NaOH 或者 Na_2CO_3。凡是不能用数量表示的水平因素，称为定性因素。在多

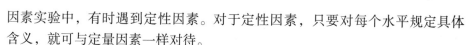

因素实验中，有时遇到定性因素。对于定性因素，只要对每个水平规定具体含义，就可与定量因素一样对待。

三、实验设计的步骤

（一）明确实验目的、确定实验指标

研究对象需要解决的问题，一般不止一个。例如，在进行混凝效果的研究时，需要解决的问题有最佳投药量、最佳 pH 值和水流速度梯度等问题。一次实验无法同时解决以上问题，故我们执行实验前，要明确哪个问题是需要优先解决的，然后确定相应的实验指标。

（二）挑选因素

在明确实验目的和确定实验指标后，要分析研究影响实验指标的因素。在有的实验因素中，要排除那些影响不大或者已经掌握的因素，让它们固定在某一状态，然后挑选那些对实验指标有可能较大影响的因素来进行考察。如进行 SO₂ 吸收净化实验时，不同的吸收剂及吸收剂浓度、气流速度、吸收液流量等因素均会影响吸收效果，可以在以往实验的基础上，控制吸收剂浓度和吸收剂流量在一定水平，考察不同种类的吸收剂和气体流速对吸收效果的影响。

（三）选定实验设计方法

因素选定后，可根据研究对象的具体情况决定选用哪一种实验设计方法。如对于单因素问题，则选用单因素实验设计法；3 个以上因素的问题，则可以选用正交实验设计法；若要进行模型筛选或确定已知模型的参数估计，则可采用序贯实验设计法。

（四）实验安排

上述问题都解决后，就可以进行实验点位置安排，开展具体的实验工作。

四、实验设计的方法

（一）单因素实验设计

单因素实验是指进行只有一个影响因素的实验，或虽有多个影响因素，但在安排实验时只考虑一个对指标影响最大的因素，其他因素尽量保持不变。在生产和科学实验中，人们为了达到优质、高产、低耗的目的，需要对有关因素的最佳点进行选择，这些最佳点选择的问题被称为优选问题。利用数学原理，合理地安排实验点，减少实验次数，从而迅速找到最佳点的一类科学方法被称为优选法。单因素优选法的实验设计包括均分法、对分法、黄金分割法、分数法等。

1. 均分法

均分法是在实验范围内，根据精度要求和实际情况，均匀地安排实验点，在每个实验点上进行实验并相互比较以求得最优点的方法。在对目标函数的性质没有全面掌握的情况下，均分法是最常用的方法，可以作为了解目标函数的前期工作，同时可以确定有效的实验范围。均分法的优点是得到的实验结果可靠、合理，适用于各种实验目的；缺点是实验次数较多，工作量较大，不经济。

2. 对分法

对分法也被称为等分法、平分法，也是一种简单方便、广泛应用的方法。对分法总是在实验范围 $[a, b]$ 的中点 $[x_1 = (a + b)/2]$ 上安排实验，根据实验结果判断下一步的实验范围，并在新范围的中点进行实验。如结果显示 x_1 取大了，则去掉大于 x_1 的一半，第二次实验范围为 $[a, x_1]$，实验点在其中点 $[x_2 = (a + x_1)/2]$ 上。重复以上过程，每次实验就可以把查找的目标范围减小一半，这样通过 7 次实验就可以将目标范围缩小到实验范围的 1% 之内，10 次实验就可以将目标范围缩小到实验范围的 1‰ 之内。对分法的优点是每次实验能去掉实验范围的 50%，取点方便，实验次数大大减少；缺点是适用范围较窄，要根据上一次实验结果得到下一次实验范围。

3. 黄金分割法

黄金分割法也称为 0.618 法，适用于实验指标或目标函数是单峰函数的情况，即在实验范围内只有一个最优点，且距最优点越远的实验结果越差。具体步骤是每次在实验范围内选取 2 个对称点作实验，这两个点（记为 x_1 和 x_2）分别位于实验范围 $[a, b]$ 的 0.382 和 0.618 的位置，其中，

$$x_1 = a + 0.382(b - a)$$
$$x_2 = a + 0.618(b - a)$$

对应的实验结果记为 y_1 和 y_2。如果 y_1 优于 y_2，则 x_1 是好点，把实验范围 $[x_2, b]$ 去掉，新的实验范围是 $[a, x_2]$，再重新进行黄金分割，选取 2 个对称点（记为 x_3 和 x_4），其中，

$$\begin{aligned}
x_3 &= a + 0.382(x_2 - a) \\
&= a + 0.618 \times 0.382(b - a) \\
&= a + 0.236(b - a) \\
&= a + x_2 - x_1 \\
x_4 &= a + 0.618(x_2 - a) \\
&= a + 0.618 \times 0.618(b - a) \\
&= a + 0.382(b - a) \\
&= x_1
\end{aligned}$$

重复以上步骤，直到找到满意的、符合要求的实验结果和最佳点。同理，如果 y_2 优于 y_1，则 x_2 是好点，新的实验范围是 $[x_1, b]$；如果 y_1 与 y_2 效果一样，则去掉两端，新的实验范围是 $[x_1, x_2]$，之后继续进行实验。

用黄金分割法做实验时，第一步需要做两个实验，以后每步只需要再做一个实验，每步实验划去实验范围的 0.382 倍，保留 0.618 倍。

4. 分数法

分数法又称为斐波纳契数列法，是利用斐波纳契数列进行单因素优化实验设计的一种方法。斐波纳契数列可由下列递推式确定：

$$F_0 = F_1 = 1, \quad F_n = F_{n-1} = F_{n-2}, \quad n \geqslant 2$$

即如下数列：

$$1, 1, 2, 3, 5, 8, 13, 21, 34, 55, 89, 144, 233, \cdots$$

当实验点只能取整数，或者限制实验次数的情况下，较难采用 0.618 法进行优选，这时可采用分数法。任何小数都可以用分数表示，因此 0.618 也

可近似地用 F_n/F_{n+1} 来表示。例如只能做 4 次实验，就以 5/8 代替 0.618，第一次实验点 x_1 在 5/8 处，第二个实验点 x_2 选在其对称点 3/8 处。然后通过比较实验结果，选取新的实验范围进行实验，经过重复调试便可找到满意的结果。

分数法确定各实验点的位置，可用下列公式求得：

$$第一个实验点 = (大数 - 小数) \times F_n/F_{n+1} + 小数$$
$$新实验点 = (大数 - 中数) + 小数$$

式中，中数为已实验点数值。

由于新实验点 $(x_2, x_3, \cdots, n)$ 安排在余下范围内与已实验点相对称的点上，因此，不仅新实验点到余下范围的中点的距离等于已实验点到中点的距离，而且新实验点到左端点的距离也等于已实验点到右端点的距离（图 2 - 1）即：新实验点—左端点 = 右端点—已实验点。

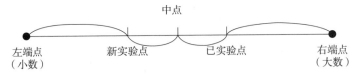

图 2 - 1　分数法确定实验点位置示意图

在使用分数法进行单因素优选时，应根据实验范围选择合适的分数。选择的分数不同，实验次数和精度也不一样，如表 2 - 1 所示。

表 2 - 1　分数法实验点位置与精度

实验次数	2	3	4	5	6	7	$\cdots$	n
等分实验范围的份数	3	5	8	13	21	34	$\cdots$	F_{n+1}
第一次实验点的位置	2/3	3/5	5/8	8/13	13/21	21/34	$\cdots$	F_n/F_{n+1}
精度	1/3	1/5	1/8	1/13	1/21	1/34	$\cdots$	$1/F_{n+1}$

5. 均分分批实验法

在生产和科学实验中，为了缩短整体实验周期，常常采用一批同时做几个实验的方法，即均分分批实验法。

均分分批实验法指每批实验均匀地安排在实验范围内，其示意图如图 2 - 2 所示。每批做 $2n$ 个实验，将实验范围均匀地分为 $2n+1$ 等份，在其 $2n$ 个分点处做第一批实验。然后同时比较 $2n$ 个实验结果，留下较好的点 x_i 及其左右相邻的两段，即 $[x_{i-1}, x_{i+1}]$ 作为新实验范围。第二批实验把这两段都各等

分为 $n+1$ 段，在得到的共 $2n$ 个分点处做实验，直至得到满意的结果。该方法适用于测定某种有毒物质进入生化处理构筑物的最大允许浓度。

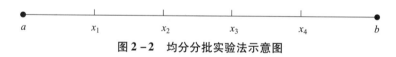

图 2 - 2　均分分批实验法示意图

（二）正交实验设计

正交实验设计，是指研究多因素多水平的一种实验设计方法。根据正交性从全面实验中挑选出部分有代表性的点进行实验，这些有代表性的点具备均匀分散、齐整可比的特点。正交实验设计是分式析因设计的主要方法。当实验涉及的因素在 3 个或 3 个以上，而且因素间可能有交互作用时，实验工作量就会变得很大，甚至难以实施。针对这个困扰，正交实验设计无疑是一种更好的选择。正交实验设计的主要工具是正交表，实验者可根据实验的因素数、因素的水平数以及是否具有交互作用等需求查找相应的正交表，再依托正交表的正交性从全面实验中挑选出部分有代表性的点进行实验，可以实现以最少的实验次数达到与大量全面实验等效的结果。例如厌氧污泥实验需要考量温度、时间和负荷率 3 个因素，而每个因素又可能有 3 种或以上状态，如温度为 25 ℃、30 ℃、35 ℃，它们之间有 $3^3 = 27$ 种组合，且尚未考虑每一组合的重复数。若按 L_9（3）正交表安排实验，只需作 9 次，按 L_{18}（3）正交表进行 18 次实验，显然大大地减少了工作量。

1. 正交表

正交表是一整套规则的设计表格，用 L 为正交表的代号，n 为实验的次数，b 为水平数，c 为列数，也就是可能安排最多的因素个数（图 2 - 3）。例如，L_9（3^4）它表示需作 9 次实验，最多可观察 4 个因素，每个因素均为 3 水平。

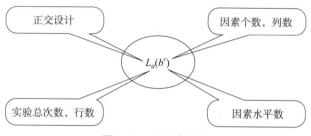

图 2 - 3　正交表记号

常用的 L_4（2^3）正交表、L_8（2^7）正交表如表 2 - 2、表 2 - 3 所示。

表 2 - 2　常用 L_4（2^3）正交表

实验号	列号			实验号	列号		
	1	2	3		1	2	3
1	1	1	1	3	2	1	2
2	1	2	2	4	2	2	1

表 2 - 3　常用 L_8（2^7）正交表

实验号	列号							实验号	列号						
	1	2	3	4	5	6	7		1	2	3	4	5	6	7
1	1	1	1	1	1	1	1	5	2	1	2	1	2	1	2
2	1	1	1	2	2	2	2	6	2	1	2	2	1	2	1
3	1	2	2	1	1	2	2	7	2	2	1	1	2	2	1
4	1	2	2	2	2	1	1	8	2	2	1	2	1	1	2

正交实验设计的关键在于实验因素的安排。通常，在不考虑交互作用的情况下，可以自由地将各个因素安排在正交表的各列，只要不在同一列安排 2 个因素即可（否则会出现混杂）。但是当要考虑交互作用时，就会受到一定的限制，如果任意安排，将会导致交互效应与其他效应混杂的情况。

因素所在列是随意的，但是一旦安排完成，实验方案即确定，之后的实验以及后续分析将根据这一安排进行，不能再改变。对于部分表，如 L_{18}（2×3^7）则没有交互作用列，如果需要考虑交互作用需要选择其他的正交表。

2. 正交实验设计过程和步骤

正交实验设计过程和步骤如下：
（1）明确实验目的，确定实验指标。
（2）确定实验因素及因素水平数。
①影响实验结果的因素很多，但并不是对所有的因素都要进行考察。如对于不可控因素，由于无法测出因素的数值，因而看不出不同水平的差别，难以判断该因素的作用，所以不能列为被考察的因素。对于可控因素则应挑选那些对指标可能影响较大，但又没把握的因素来进行考察，特别注意不能

重要因素固定（即固定在某一状态上不进行考察）。

②对于选出的因素，可以根据经验定出它们的实验范围，在此范围内选出每个因素的水平，即确定水平的个数和各个水平的数值。因素水平选定后，就可列成因素水平表。如进行污泥厌氧消化实验，经分析后决定对温度、泥龄、投配率3个因素进行考察，并确定各因素均为2水平和每个水平的数值，则可列出因素水平。污泥厌氧消化实验因素水平如表2－4所示。

表2－4　污泥厌氧消化实验因素水平

水平	因素		
	温度/℃	泥龄/d	污泥投配率/%
1	25	5	5
2	35	10	8

（3）选用合适的正交表。

常用的正交表可能有几十个，究竟选用哪个正交表，需综合分析后决定，一般是根据因素和水平的多少、实验工作量大小和允许条件而定。实际安排实验时，挑选因素、水平和选用正交表等步骤有时是结合进行的。如根据实验目的，选好4个因素；如果每个因素取4水平，这需用 L_{16}（4^4）正交表，要做16次实验。但是由于时间和经费原因，希望减少实验次数，因此改为每个因素3个水平，则改用 L_9（3^3）正交表，做9次实验就够。

（4）表头设计。

表头设计就是根据实验要求，确定各因素在正交表中的位置，如表2－5所示。

表2－5　污泥厌氧消化实验的表头

因素	温度/℃	泥龄/d	污泥投配率/%
列号	1	2	3

（5）列出试验方案及试验结果。

根据表头设计和表2－2正交表的格式，形成实验方案，如表2－6所示。

表 2 - 6　污泥厌氧消化实验方案

实验号	因素			实验指标：产气量/
	温度/℃	泥龄/d	污泥投配率/%	$(L \cdot kg_{COD}^{-1})$
1	25（1）	5（1）	5（1）	
2	25（1）	10（2）	8（2）	
3	35（2）	5（1）	8（2）	
4	35（2）	10（2）	5（1）	

注：①COD 为化学需氧量。
②数据中的（1）（2）为因素水平。

（6）对正交试验设计结果进行分析。

（7）确定最优或较优因素水平组合，优化实验方案。

（三）正交实验数据分析

通过实验获得大量实验数据后，科学地分析这些实验数据，从中得到正确的结论，是实验设计法不可分割的组成部分。

正交实验设计法的数据分析是要解决两个问题。

（1）明确各因素对实验目的影响的主次关系。

（2）各影响因素中，哪个水平能得到满意的结果，从而找到最佳的管理运行条件。

可采用直观分析法分析实验数据，具体步骤如下：

（1）填写实验指标，如表 2 - 7 所示。

表 2 - 7　污泥厌氧消化实验方案表

实验号	因素			实验指标：产气量/
	温度/℃	泥龄/d	污泥投配率/%	$(L \cdot kg_{COD}^{-1})$
1	25（1）	5（1）	5（1）	x_1
2	25（1）	10（2）	8（2）	x_2
3	35（2）	5（1）	8（2）	x_3
4	35（2）	10（2）	5（1）	x_4
K_1				$\sum\limits_{i=1}^{n} x$，$n =$ 实验次数
K_2				

续表

实验号	因素			实验指标：产气量/ $(\mathrm{L} \cdot \mathrm{kg}_{\mathrm{COD}}^{-1})$
	温度/℃	泥龄/d	污泥投配率/%	
K_3				
K_4				
R				

注：①COD 为化学需氧量。
②数据中的（1）（2）为因素水平。

（2）计算各列的 K_i、$\bar{K}_i$ 和 R 值：

$$\bar{K}_i = K_i / 第 \, m \, 列中 \, i \, 水平的重复次数$$

$$R（第 \, m \, 列）= 第 \, m \, 列的 \, \bar{K}_i \, 中最大值与其最小值之差$$

（3）制作因素与指标的关系图。

（4）比较各因素的极差 R，排出因素的主次顺序。

（5）选取较好的水平组。

第三章　实验误差与数据处理

环境工程实验需要进行一系列实验并获得数据。实践表明，每项实验都可能存在误差。同一项目的多次重复测量，结果可能存在差异，即实验值和真实值之间会存在差异，其主要原因是因为实验环境不理想，实验人员技术不高，实验设备或实验方法不完善。随着研究人员对研究课题认识的提高和仪器设备的不断完善，实验中的误差可以逐渐缩小，但误差是客观存在，误差越小，检测结果的准确度越高。为获得可靠的实验数据，需要对所测对象进行分析研究，估计测试结果的可靠程度，这称为"误差分析"；然后对取得数据给予合理的解释，同时对所获得的数据加以整理归纳，用一定的方式表示出数据之间的相互关系，这称为"数据处理"。

一、误差的基本概念

实验过程中要做各种测试工作，由于仪器、测试方法、测试环境、人的观察力和实验方法等都很难做到完美无缺，所以真实值比较难获得。一般对特定项目采取多次测试，然后根据误差分布定律，正负误差出现的概率相等的概念，可以求得各项测试值的平均值。在无系统误差的情况下，所获得的平均值较为接近真值的数值。

常用的平均值有几种：①算术平均值；②均方根平均值；③加权平均值；④中位值（或中位数）；⑤几何平均值。

计算平均值的方法的选择，主要取决于一组观测值的分布类型。

（一）算术平均值

算术平均值是最常用的一种平均值，当观测值呈正态分布时，算术平均值近似于真值。算术平均值定义为

$$\bar{x} = \frac{x_1 + x_2 + x_3 + \cdots + x_n}{n}$$

式中，$\bar{x}$ 为算术平均值；x_i 为各次观测值，$i = 1$，2，$\cdots$，n；n 为观测次数。

（二）均方根平均值

均方根平均值应用较少，其定义为

$$\bar{x} = \sqrt{\frac{x_1^2 + x_2^2 + \cdots + x_n^2}{n}}$$

式中，$\bar{x}$ 为算术平均值；x_i 为各次观测值，$i = 1$，2，$\cdots$，n；n 为观测次数。

（三）加权平均值

若对同一事物用不同方式去测定，或者由不同的人去测定，计算平均值时，常用加权平均值，计算公式为

$$\bar{x} = \frac{w_1 x_1 + w_2 x_2 + \cdots + w_n x_n}{w_1 + w_2 + \cdots + w_n}$$

式中，$\bar{x}$ 为算术平均值；x_i 为各次观测值，$i = 1$，2，$\cdots$，n；w 为与各观测值相应的权数；n 为观测次数。

各观测值的权数 w_i，可以是观测值的重复次数，观测者在总数中所占的比例，或者根据经验确定。

（四）中位值

中位值是指一组观测值按大小次序排列的中间值。若观测次数是偶数，则中位值为正中 2 个值的平均值；当观测次数为奇数时，则中位值为正中的数值。中位值的最大优点是求法简单。只有当观测值的分布呈正态分布时，中位值才能代表一组观测值的中心趋向，近似于真值。

（五）几何平均值

如果一组观测值是非正态分布，当对这组数据取对数后，所得图形的分布曲线更对称时，常用几何平均值。

几何平均值是一组 n 个观测值连乘并开 n 次方求得的值，计算公式为

$$\bar{x} = \sqrt[n]{x_1 \cdot x_2 \cdot \cdots \cdot x_n}$$

也可用对数表示为

$$\lg \bar{x} = \frac{1}{n} \sum_{i=1}^{n} \lg x_i$$

二、误差的分类

根据误差的来源和性质，误差可以分为系统误差、偶然误差、粗大误差。

（一）系统误差

1. 系统误差的定义

系统误差（又称规律误差）是指在偏离检测条件下，按某个规律变化的误差。

系统误差是指同一量的多次测量过程中，保持恒定或可以预知的方式变化的测量误差。

2. 系统误差的特点

系统误差是由检测过程中某些经常性原因引起的，再重复测定会重复出现。系统误差对检测结果的影响是比较固定的。

3. 系统误差的主要来源

（1）方法误差。

方法误差主要是由于检测方法本身存在的缺陷引起的。如：重量法检测中，检测物有少量分解或吸附了某些杂质；滴定分析中，反应不完全、等当

点和滴定终点不一致等。

（2）仪器误差。

仪器误差是由仪器设备精密度不够引起的误差。如天平（特别是电子天平，误差为 $0.1 \sim 0.9$ mg）、砝码和容量瓶等。

（3）试剂误差。

试剂的纯度不够、蒸馏水中含的杂质，都会引起检测结果的偏高或偏低。

（4）操作误差。

由实验人员操作不当、不规范所引起的误差。如：有的检验人员对颜色观察不敏感，明显已等当点、颜色已发生突变，可他却看不出来；或在容量分析滴定读数时，读数时间、读数方法都不正确，按个人习惯而进行操作。

4. 系统误差的消除

（1）对照实验。

即用可靠的分析方法对照、用已知结果的标准试样对照（包括标准加入法），或由不同的实验室、不同的分析人员进行对照等。

实验室资质认定要求做比对实验，如人员比对、样品复测及实验室之间的比对等都属于比对实验。

（2）空白实验。

即在没有试样存在的情况下，按照标准检测方法的同样条件和操作步骤进行实验，所得的结果值为空白值。最终，用被测样品的检验结果减去空白值，即可得到比较准确的检测结果（实测结果 = 样品检验结果 - 空白值）。

（3）校正实验

即对仪器设备和检验方法进行校正，以校正值的方式，消除系统误差，计算公式为

被测样品的含量 = 样品的检测结果 × 标样含量/标样检测结果

式中，标样含量/标样检测结果，即校正系数 K。

［例题］若样品的检测结果为 5.24，为验证结果的准确性，检测时带一标准样品，已知标准样品含量为 1.00，则检测的结果可能出现三种情况：

（1）检测结果 = 1.00，假设标样（标物）检测结果为 1.05；

（2）检测结果 = 1.00，假设标样（标物）检测结果为 1.00；

（3）检测结果 = 1.00，假设标样（标物）检测结果为 0.95。

校正系数 K 分别如下：

①校正系数为：

$$K = 1.00 \div 1.05 = 0.95$$

（检测结果＞标准值，则校正系数＜1）

②校正系数为：

$$K = 1.00 \div 1.00 = 1.00$$

（检测结果＝标准值，则校正系数＝1）

③校正系数为：

$$K = 1.00 \div 0.95 = 1.05$$

（检测结果＜标准值，则校正系数＞1）

通过校正后，其真实结果应分别为

$$5.24 \times 0.95 = 4.978 \cong 4.98$$

（注：标样检测结果高于标样明示值，则说明被检样品检测结果也同样偏高。为了接近真值，用＜1的校正系数进行较正，其结果肯定比原检测值低。）

$$5.24 \times 1.00 = 5.240 = 5.24$$

$$5.24 \times 1.05 = 5.502 \cong 5.50$$

（注：标样检测结果低于标样明示值，说明被检样品检测结果也同样偏低。为了接近真值，用＞1的校正系数进行较正，其结果肯定比原检测值高。）

检测结果的校正非常重要，特别是在检测结果的临界值时，加入了校正系数后，结果的判定可能由合格变为不合格，也可能由不合格变为合格两种完全不同的结论，尤其是对批量产品的判定有着更重大的意义。

（二）偶然误差

1. 偶然误差的定义

偶然误差（也称随机误差、不定误差）是指由于在测定过程中一系列有关因素微小的随机波动而形成的具有相互抵偿性的误差。

2. 偶然误差的特点

偶然误差的特点就个体而言是不确定的，产生这种误差的原因是不固定的，它的来源往往也一时难以察觉，可能是由于测定过程中外界的偶然波动、仪器设备及检测分析人员某些微小变化等所引起的。偶然误差的绝对值和符号是可变的，检测结果时大时小、时正时负，带有偶然性。但当进行很多次重复测定时，就会发现偶然误差具有统计规律性，即服从于正态分布。

如果用置信区间〔$-\Delta$、Δ〕，来限制这条曲线（因为我们不可将实验无限次地做下去，即使做得再多，检测结果的误差越来越接近于0，但永远也不会等于0），这样得到截断正态分布。该正态分布较好地描述了符合该类分布的偶然误差出现的客观规律，且具有以下的基本性质（偶然误差的四性）。

（1）单峰性：绝对值小的误差比绝对值大的误差，出现的机会多得多（$\pm 1\sigma$占68.3%）。

（2）对称性：绝对值相等的正、负误差出现的概率相等。

（3）有界性：在一定条件下，有限次的检测中，偶然误差的绝对值不会超出一定的界限。

（4）抵偿性：相同条件下，对同一量进行检测，其偶然误差的平均值，随着测量次数的无限增加，而趋于0。

抵偿性是偶然误差最本质的统计特性，凡有抵偿性的误差都可以按偶然误差处理。

显然，误差的曲线本身就提供了决定了这类误差的理论根据，即用在相同条件下的一系列测量数值的算术平均值来表示分析结果，这样的平均值是比较可靠的。但是，在实际工作中，进行大量的、无限次的测定显然是不真实的。因此，必须根据实际情况，根据对检测结果要求的不同，采取适当的检测次数。

采用数理统计方法以证明：

标准偏差在$\pm 1\sigma$内的检测结果，占全部结果的68.3%；

标准偏差在$\pm 2\sigma$内的检测结果，占全部结果的95.5%；

准偏差在$\pm 3\sigma$内的检测结果，占全部结果的99.7%；

而误差$> \pm 3\sigma$内的检测结果，仅占全部结果的0.3%。

而且，由正态分布曲线可以看出，$\sigma 3 > \sigma 2 > \sigma 1$，$\sigma$值越小，曲线越陡，偶然误差的分布越密集；反之，$\sigma$值越大，曲线越平坦，偶然误差的分布就越分散。

（三）粗大误差

1. 粗大误差定义

粗大误差（也称过失误差、疏忽误差，简称粗差）是指在一定条件下，测量结果明显偏离真值时所对应的误差，将明显偏离的误差称为粗大误差。

2. 产生粗大误差的原因

产生粗大误差的原因有主观因素也有客观因素。例如，由于实验人员的疏忽、失误，造成检测时的错读、错记、错算，或电压不稳定致使仪器波动导致检测结果出现的异常值。含有粗大误差的检测结果称为"坏值"，"坏值"应及时发现和剔除。

3. 粗大误差的消除

消除粗大误差最常用的方法是莱依达（即3S，3S 即 3 倍的标准偏差）准则，该准则要求检测结果的次数不能小于10 次，否则不能剔除任何"坏值"。对于非从事计量检测工作而言，进行检验10 次以上的分析化学不太现实，因此，我们采取4 倍法和 Q 检验法。在后面将逐一以介绍。

以上较详细地介绍了系统误差、偶然误差及粗大误差。

区别三类误差的主要依据是人们对误差的掌握程度和控制的程度。能掌握其数值变化规律的，则认为是系统误差；掌握其统计规律的，则认为偶然（随机）误差；实际上未掌握规律的认为是粗大误差。

由于掌握和控制的程度受到需要和可能两方面的制约，当检测要求和观察范围不同时，掌握和控制的程度也不同，就会出现同一误差在不同的场合下属于不同的类别。因而，系统误差与偶然误差没有一条不可逾越的明显界限（只能是一个过渡区）；而且，两者在一定条件下可能互相转化。

例如，某一产品，由于其用途不同其精度要求也不同。对于精度要求高的产品，出现的误差属于粗大误差；对于精度要求低的产品，出现的误差属于偶然误差。同样，粗大误差和数值很大的偶然误差之间也没有明显的界限，也存在类似的转化。因而，如果想刻意划定不同类别间的误差的界限，是没有必要的。

三、误差的表示方法

（一）绝对误差和相对误差

设某物理量的测量值为 x，它的真值为 a，则 $x - a = \varepsilon$；由此式所表示的

误差 ε 和测量值 x 具有相同的单位，它反映测量值偏离真值的大小，所以称为绝对误差（即测量值与真实值之差的绝对值）。

绝对误差可定义为

$$\Delta = x - l$$

式中，Δ 为绝对误差；x 为测量值；l 为真实值。

注：绝对误差有正负性，正性表示测量值大于真实值，负性表示测量值小于真实值。

绝对误差可以表示一个测量结果的可靠程度。

相对误差是绝对误差与测量值或多次测量的平均值的比值。相对误差可以比较不同测量结果的可靠性，通常将其结果用百分数表示，也称百分误差。

$$相对误差 = \frac{绝对误差}{真值} \times 100\%$$

例如，测量两条线段的长度，第一条线段用最小刻度为 mm 的刻度尺测量时读数为 10.3 mm，绝对误差为 0.1 mm（值读得比较准确时），相对误差为 0.97%；而用准确度为 0.02 mm 的游标卡尺测得的结果为 10.28 mm，绝对误差为 0.02 mm，相对误差为 0.19%。

第二条线用上述测量工具分别测出的结果为 19.6 mm 和 19.64 mm。前者的绝对误差仍为 0.1 mm，相对误差为 0.51%；后者的绝对误差为 0.02 mm，相对误差为 0.1%。

比较这两条线的测量结果，可以看到，用相同的测量工具测量时，绝对误差没有变化；用不同的测量工具测量时，相对误差明显不同，准确度高的工具所得到的相对误差小。然而相对误差不仅与所用测量工具有关，而且也与被测量的数值大小有关，当用同一种工具测量时，被测量的数值越大，测量结果的相对误差就越小。

（二）绝对偏差和相对偏差

1. 绝对偏差

绝对偏差是指个别测定值与多次测定平均值之差，简称偏差。

绝对偏差 = 个别测定值 - 多次测定的算术平均值

2. 相对偏差

相对偏差是指平均偏差占平均值的百分率，常用百分数表示。

相对偏差 = 绝对偏差/全部观测值的平均值 × 100%

（三）标准偏差和相对标准偏差

1. 标准偏差

标准偏差是指多次平行测定值（测定次数或样本数 $n \leqslant 20$）偏离平均值的距离的平均数，它是方差的算术平方根，计算公式为

$$S = \sqrt{\frac{\sum\limits_{i=1}^{n}(x_i - \bar{x})^2}{n-1}}$$

式中，$n-1$ 为样本自由度。当 n 趋向无穷大时，$n-1$ 趋向 n，趋向等于真实值。此时的标准偏差称为总体标准偏差，符号为 σ，其计算公式如下：

$$\sigma = \sqrt{\frac{\sum\limits_{i=1}^{n}(x_i - \mu)^2}{n}}$$

2. 相对标准偏差

相对标准偏差是指标准偏差占平均值的百分率，又称变异系数（CV），通常用 RSD 表示：

$$RSD = \frac{S}{\bar{x}} \times 100\%$$

标准偏差对测试中的较大误差或较少误差比较灵敏，所以它是表示精密度较好的方法，是表明实验数据分散程度的特征参数。

四、准确度、精密度、重复性、再现性

1. 准确度

准确度指检测结果与真实值之间相符合的程度。检测结果与真实值之间差别越小，则分析检验结果的准确度越高。

2. 精密度

精密度指在重复检测中，各次检测结果之间彼此的符合程度。各次检测结果之间越接近，则说明分析检测结果的精密度越高。

3. 重复性

重复性指在相同测量条件下，对同一被测量进行连续、多次测量所得结果之间的一致性。重复性条件包括：在相同的测量程序、相同的测量者、相同的条件下，使用相同的测量仪器设备，在短时间内进行的重复性测量。

4. 再现性（复现性）

再现性是指在改变测量条件下，同一被测量的测定结果之间的一致性。
改变测量条件包括测量原理、测量方法、测量人、参考测量标准、测量地点、测量条件以及测量时间等。
例如，实验室资质认定现场操作考核的方法之一：
样品复测是样品再现性（复现性）的一种考核，样品复测包括对盲样（即标准样品）的检测，也可以是对检验过的样品在有效期内的再检测。进行样品复测可以是原检测人员，或是重新安排检测人员。
通常再现性（复现性）好，意味着精密度高。精密度是保证准确度的先决条件，没有良好的精密度就不可能有高的准确度。但精密度高，准确度不一定高；反之，准确度高，精密度必然好。

五、误差理论在质量控制中的应用

利用误差理论对日常检验工作进行质量控制，有着重要的意义。以下是几种质量控制的方法：
（1）定期使用有证标准物质，开展内部质量控制。
（2）参加实验室之间的比对或能力实验。
（3）使用不同的方法进行重复性检测。
（4）对留存样品进行再检测。
（5）分析同一样品不同特性结果的相关性。

1. 利用系统误差和偶然误差对日常检验工作进行质量控制

为保证检测结果的稳定性和准确性，通过用标准物质进行质量监控，具体的作法是：用标准物质或用检测结果稳定、均匀的、在有效期内的样品，在规定的时间间隔内，对同一样品（标物）进行重复检测，将检测结果绘成曲线，通过坐标上检测点的结果，将其连成线，通过曲线可判定误差的类型。

（1）假设每 10 天检测一次，共有 10 个点，而这 10 个点在标准值之间上下波动，无规律可言，则说明是偶然误差，是正常状态。

（2）当检测的结果呈现出规律性，或在真值线以上，或在真值线以下，或呈现一条斜线，则视为出现了系统误差。这种情况下，应查找出现系统误差的原因，并找到消除系统误差的原因。

2. 参加实验室之间比对和能力验证

（1）实验室之间比对。参加实验室之间的比对，也是进行质量控制的一种方法。在进行实验室比对时，应充分考虑比对样品的均匀度及稳定性，如果比对样品满足不了要求的条件，则比对结果毫无意义。

（2）能力验证是指利用实验室检测数据的比对，确定实验室从事特定测试活动的技术能力。能力验证一般由省级以上技术监督局或国家认证认可监督管理委员会（简称国家认监委）组织。

3. 使用不同的方法进行重复性检测

通过使用不同的检测方法，用同一样品、同一检测人员、相同环境条件下进行的重复性检测，以减少检测方法带来的系统误差。

4. 对留存样品进行再检测

对留样进行再检测，这是实验室资质认定现场考核方法之一，称为“样品复测”。样品复测包括“盲样检测”，即用已知结果的标准物质进行的检测；另一种样品复测的方法是，在样品的有效期内，对样品进行再检测。样品的再检测是考核样品结果的复现性或再现性，即在不同时间、不同人员（也可是原检测人员）、不同地点及不同检测方法，通过样品的复现性用以考核检测人员独立操作的能力，通过结果误差的分析，对实验室的质量进行有效控制。

5. 分析同一样品不同特性结果的相关性

每个产品或样品的各项结果都有相关性，正如人的正常高度和体重有一定的比例一样，当过重或过轻都不正常。如废水的全氮与氨基酸态氮存在一定的比例关系，其关系为正比关系；电流和电阻有一定的关系，其关系是反比关系。任何样品或产品不同特性结果都有相关性，通过特性结果的相关性，可判断产品的正常与否，正如一份发酵酒，如果它的固形物很低，而含糖量又符合要求，其特性结果的相关性存在问题，就应考虑产品的质量问题了。

六、有效数字及其运算

（一）有效数字和有效数字的保留

1. 有效数字的定义

有效数字指保留末一位不准确数字，其余数字均为准确数字。有效数字的最后一位数值是可疑值。

如，0.201 4 为四位有效数字，最末一位数值 4 是可疑值，而不是有效数值。

再如，1 g、1.000 g 其所表明的量值虽然都是 1，但其准确度是不同的，其分别表示为准确到整数位、准确到小数点后第三位数值。因此有效数值不但表明了数值的大小，同时反映了测量结果的准确度。

2. 有效数字的保留

由于有效数字最末一位是可疑值，而不是准确值，因此，计算过程中，计算的结果应比标准极限或技术指标规定的位数要求多保留一位，但最后的报出值应与标准对定的位数相一致。

如，在标准的极限数值（或技术指标）的表示中，×× ≥95 表明结果要求保留到整数位。因此，计算结果一定要保留到小数点后一位，最后再修约到整数位，如计算结果为 94.6，报出结果为 95；因为 94.6 结果的 0.6 为可疑值，要想保留到整数位结果为准确值，计算结果必须要多保留一位。

如，分析天平的分辨率为 0.1 mg（即人们常说的万分之一天平），如果称取的量是 10.432 0 g，则实际的称取结果为（10.430 ±0.000 2）g（万分之一的天平误差）。因为再精确的仪器设备都有误差，因此，在重量法中，如果检验方法中要求：直至恒重，即前后两次差不大于 0.000 2 g 即为恒重（即电子天平的准确度）。

如 GB/T 601—2016《化学试剂标准滴定溶液的制备》，要求保留 4 位有效数字，因此在标定计算结果中，应保留 5 位有效数字，最后再修约到 4 位有效数字。如果直接保留到 4 位有效数字，实际上是保留了 3 位有效数字，因最后一位是可疑值，则由标准溶液的浓度的不准确，会引进系统误差。

（二）"0" 在数字中的作用

"0" 作为一个特殊的数字，在数值的不同的位置，有着不同的作用，只有明确了"0"在数字中的作用，才能更好地掌握有效数字及其加减乘除的运算规则。"0"在数字中不同的位置，有不用的作用，根据"0"在数字的位置，起 3 种作用：定位（无效）、定值（有效）及不确定作用。

1. 定位（无效）

当"0"在小数点后，又在数字之前（前提：小数点前为"0"）时，为定位。如，0.000 1（数字前 4 个 0），0.020 40（数字前 2 个 0），均为定位作用。

2. 定值（有效）

当"0"在小数点后的数值中间或数尾（前提：小数点前必为"0"）时。如，0.002 04、0.300 020。当"0"在小数点后，而小数点前为非"0"时，如 1.000、1.020 4，均为有效作用。

3. 不确定作用

当"0"在整数后，如，4 500 有效数值是几位？回答是：不确定。将 4 500 用 3 位有效数字表示：0.450×10^4、4.50×10^3。将 4 500 用 4 位有效数字表示：$0.450 0 \times 10^4$ 或 45.00×10^2。

（三）可疑观测值的取舍

在整理分析实验数据时，有时会发现个别观测值与其他观测值相差很大，通称为可疑值。可疑值可能是由于偶然误差造成的，也可能是由于系统误差引起的。如果保留这样的数据，可能会影响平均值的可靠性。如果把属于偶然误差范围内的数据任意弃去，可能暂时可以得到精密度较高的结果，但这是不科学的，以后在同样条件下再做实验时，超出该精密度的数据还会再次出现。因此，在整理数据时，如何正确地判断可疑值的取舍是很重要的。

可疑值的取舍，实质上是区别离群远的数据究竟是偶然误差造成的还是系统误差造成的。因此，应该按照统计检验的步骤进行处理。判断可疑测量值取舍常用的检验方法常用的有 4 倍法、Q 检验法、迪克逊（Dixon）检验法、肖维纳特（Chauvenet）法和格拉布斯（Grubbs）检验法。过去常用的是肖维纳特法，计算方法比较简便。但有人研究认为应用肖维纳特法发生舍弃合理数据的概率较大，有时可达 40%。目前已经很少应用。现主要应用格拉布斯检验法。

格拉布斯检验法：

设有一组观测值 x_1，x_2，$\cdots$，x_n，观测次数为 n，其中 x_i 可疑，检验步骤如下：

（1）计算 n 个观测值的平均值 $\bar{x}$（包括可疑值）；

（2）计算标准偏差 s；

（3）计算 T 值，公式为

$$T_i = \frac{x_i - \bar{x}}{s}$$

根据给定的显著水平 δ 和测定次数 n，查出格拉布斯检验临界值 T_α（表 3 - 1）。

表 3 - 1　格拉布斯检验临界值 T_α

m	显著水平 α				m	显著水平 α			
	0.05	0.025	0.01	0.005		0.05	0.025	0.01	0.005
3	1.153	1.155	1.155	1.155	10	2.176	2.290	2.410	2.482
4	1.463	1.481	1.492	1.496	11	2.234	2.355	2.485	2.564
5	1.672	1.751	1.749	1.764	12	2.285	2.412	2.550	2.636
6	1.822	1.887	1.944	1.973	13	2.331	2.462	2.607	2.699
7	1.937	2.020	2.097	2.139	14	2.371	2.507	2.659	2.755
8	2.032	2.126	2.221	2.274	15	2.409	2.549	2.705	2.806
9	2.110	2.315	2.323	2.387	16	2.443	2.585	2.747	2.852

m	显著水平 α				m	显著水平 α			
	0.05	0.025	0.01	0.005		0.05	0.025	0.01	0.005
17	2.475	2.620	2.785	2.894	37	2.835	3.003	3.204	3.343
18	2.504	2.650	2.821	2.932	38	2.846	3.014	3.216	3.356
19	2.532	2.681	2.854	2.968	39	2.857	3.025	3.288	3.369
20	2.557	2.709	2.884	2.991	40	2.866	3.036	3.240	3.381
21	2.580	2.733	2.912	3.031	41	2.877	3.046	3.251	3.393
22	2.603	2.758	2.939	3.060	42	2.887	3.057	3.261	3.404
23	2.624	2.781	2.963	3.087	43	2.896	3.067	3.271	3.415
24	2.644	2.802	2.987	3.112	44	2.905	3.075	3.282	3.425
25	2.663	2.822	3.009	3.135	45	2.914	3.085	3.292	3.435
26	2.681	2.841	3.029	3.157	46	2.923	3.094	3.302	3.445
27	2.698	2.859	3.049	3.178	47	2.931	3.103	3.310	3.455
28	2.714	2.876	3.068	3.199	48	2.940	3.111	3.319	3.646
29	2.730	2.893	3.085	3.218	49	2.948	3.120	3.329	3.474
30	2.745	2.908	3.103	3.236	50	2.956	3.128	3.336	3.483
31	2.759	2.924	3.119	3.253	60	3.025	3.199	3.411	3.560
32	2.773	2.938	3.135	3.270	70	3.082	3.257	3.471	3.622
33	2.786	2.952	3.150	3.286	80	3.130	3.305	3.521	3.673
34	2.799	2.965	3.164	3.301	90	3.171	3.347	3.563	3.716
35	2.811	2.979	3.178	3.316	100	3.207	3.383	3.600	3.754
36	2.823	2.991	3.191	3.330					

若 $T_i > T_{0.01}$，则该可疑值为离群数值，可舍去；若 $T_{0.05} < T_i \leqslant T_{0.01}$，则该可疑值为偏离数值；若 $T_i \leqslant T_{0.05}$，则该可疑值为正常值。

七、实验数据表示方法

常用的实验数据表示方法有列表表示法、图形表示法和方程表示法 3 种。

实验数据用列表或图形表示后，使用时虽然较直观简便，但不便于理论分析研究，故常需要用数学表达式来反映自变量与因变量的关系，即采用方程表示法。求出的相关系数大于表中的数时，表明上述用一元线性回归配出的直线是有意义的。在固体废物处理与处置工程中遇到如下问题：有时 2 个变量之间的关系并不是线性关系，而是某种曲线关系。

对实验数据进行误差分析整理，剔除错误数据并分析各个因素对实验结果的影响后，还要将实验获得的数据进行归纳整理，用图形、表格或经验公式加以表示，以找出所研究事物的各因素之间相互影响的规律，为得到正确的结论提供可靠的信息。

实验数据表示方法的选择主要是依靠经验，可以用其中的 1 种方法，也可 2 种或 3 种方法同时使用。

（一）列表表示法

列表表示法是将一组实验数据中的自变量、因变量的各个数据依一定的形式和顺序一一对应列出来，借以反映各变量之间的关系。

列表表示法具有简单易操作、形式紧凑、数据容易参考比较等优点，但对客观规律的反映不如图形表示法和方程表示法明确，在理论分析方面使用不方便。完整的表格应包括表的序号、标题、表内项目的名称和单位、说明以及数据来源等。

实验测得的数据，其自变量和因变量的变化有时是不规律的，使用起来很不方便。此时可以通过数据的分度，使表中所列数据有规律地排列，即当自变量作等间距顺序变化时，因变量也随之顺序变化。这样的表格查阅较方便。数据分度的方法有多种，较为简便的方法是先用原始数据（即未分度的数据）画图，作一光滑曲线；然后在曲线上一一标出所需的数据（自变量作等间距顺序变化），并列出表格。

（二）图形表示法

图形表示法的优点在于形式简明直观，便于比较，易显出数据中的最高点或最低点、转折点、周期性以及其他奇异性等。当图形作得足够准确时，可以不必知道变量间的数学关系，对变量求微分或积分后得到需要的结果。

1. 图形表示法应用场合

图形表示法可用于两种场合：

（1）已知变量间的依赖关系图形，通过实验，将获得的数据作图，然后求出相应的一些参数。

（2）两个变量之间的关系不清，将实验数据点绘于坐标纸上，用以分析，反映变量之间的关系和规律。

2. 图形表示法的步骤

图形表示法包括以下 4 个步骤：

（1）坐标纸的选择。

常用的坐标纸有直角坐标纸、半对数坐标纸和双对数坐标纸等。选择坐标纸时，应根据研究变量间的关系，确定选用哪一种坐标纸。注意：坐标不宜太密或太稀。

（2）坐标分度和分度值标记。

坐标分度指沿坐标轴规定各条坐标线所代表的数值的大小。进行坐标分度应注意下列几点：

①一般以 x 轴代表自变量，y 轴代表因变量。在坐标纸上应注明名称和所用计量单位。分度的选择应使每一点在坐标纸上都能够迅速方便找到。

②坐标原点不一定就是 O 点，也可用低于实验数据中最低值的某一整数作起点，高于最高值的某一整数作终点。坐标分度应与实验精度一致，不宜过细，也不能过粗。

③为便于阅读，有时除了标记坐标纸上主坐标线的分度值外，还会在细副线上也标以数值。

（3）根据实验数据描点和作曲线。

描点方法比较简单，把实验得到的自变量与因变量——对应的点标在坐标纸上即可。若在同一图上表示不同的实验结果，则应采用不同符号加以区别，并注明符号的意义。

作曲线的方法有两种：

①数据不够充分，图上的点数较少，不易确定自变量与因变量之间的关系，或者自变量与因变量间不一定呈函数关系时，最好是将各点用直线连接。

②实验数据充分，图上点数足够多，自变量与因变量呈函数关系，则可作出光滑连续的曲线。

（4）注解说明。

每一个图形下面应有图名，可将图形的意义清楚准确地表述出来，有时在图名下还需加一些简要说明。此外，还应注明数据的来源，如作者姓名、实验地点、日期等。

（三）方程表示法

实验数据用列表或图形表示后，使用时虽然较直观简便，但不便于理论分析研究，故常需要用数学表达式来反映自变量与因变量的关系，即采用方程表示法。方程表示法通常包括两个步骤：

1. 选择经验公式

表示一组实验数据的经验公式应形式简单紧凑，式中系数不宜太多。一般没有一个简单方法可以直接获得一个较理想的经验公式，通常是先将实验数据在直角坐标纸上描点，再根据经验和解析几何知识推测经验公式的形式。若经验表明此形式不够理想，则应另立新形式，再进行实验，直至得到满意的结果为止。表达式中容易直接用于实验验证的是直线方程，因此，应尽量使所得函数形式呈直线式。若得到的函数形式不是直线式，则可以通过变量变换，使所得图形变为直线。

2. 确定经验公式的系数

确定经验公式中系数的方法有多种，在此仅介绍直线图解法和回归分析中的一元线性回归、一元非线性回归以及回归线的相关系数与精度。

（1）直线图解法。凡实验数据可直接绘成一条直线或经过变量变换后能变为直线的都可以用此法。具体方法如下：将自变量与因变量一一对应的点绘在坐标纸上并作直线，使直线两边的点差不多相等，并使每一点尽量靠近直线。所得直线的斜率就是直线方程 $y = a + bx$ 中的系数 b，y 轴上的截距就是直线方程中的 a。直线的斜率可用直角三角形的 $\Delta y / \Delta x$ 比值求得。

直线图解法的优点是简便，但由于不同的人用直尺凭视觉画出的直线可能不同，因此，精度较差。当问题比较简单，或者精度要求低于 0.2% ~ 0.5% 时可以用此法。

（2）一元线性回归。一元线性回归就是工程上和科研中常常遇到的配直线的问题，即两个变量 x 和 y 存在一定的线性相关关系，通过实验取得数据后，用最小二乘法求出系数 a 和 b，并建立回归方程 $y = ax + b$（称为 y 对 x 的回归线）。

用最小二乘法求系数时，应满足以下两个假定：

①所有自变量的各个给定值均无误差，因变量的各值可带有测定误差。

②最佳直线应使各实验点与直线的偏差的平方和为最小。

由于偏差的平方均为正数，如果平方和为最小，则说明这些偏差很小，所得的回归线即为最佳线。

计算式如下：

$$a = \bar{y} - b\bar{x}$$

$$b = \frac{L_{xy}}{L_{xx}}$$

式中，$\bar{x} = \frac{1}{n}\sum_{i=1}^{n}x_n$；$\bar{y} = \frac{1}{n}\sum_{i=1}^{n}y_n$；$L_{xx} = \sum_{i=1}^{n}x_i^2 - \frac{1}{n}\left(\sum_{i=1}^{n}x_n\right)^2$；$L_{xy} = \sum_{i=1}^{n}x_iy_i - \frac{1}{n}\left(\sum_{i=1}^{n}x_i\right)\left(\sum_{i=1}^{n}y_i\right)$。

（3）回归线的相关系数与精度。用上述方法配出的回归线是否有意义？两个变量间是否确实存在线性关系？在数学上引进了相关系数 r 来检验回归线有无意义？用相关系数的大小判断建立的经验公式是否正确？

相关系数 r 是判断两个变量之间相关关系的密切程度的指标，它有下述特点：

①相关系数是介于 -1 与 1 之间的某任意值。

②当 $r = 0$ 时，说明变量 y 的变化可能与 x 无关，这时 x 与 y 没有线性关系。

③当 $0 < |r| < 1$ 时，x 与 y 之间存在着一定线性关系。当 $r > 0$ 时，直线斜率是正的，y 随 x 增大而增大，此时称 x 与 y 正相关；当 $r < 0$ 时，直线斜率是负的，y 随着 x 的增大而减小，此时称 x 与 y 负相关。

④当 $|r| = 1$ 时，x 与 y 完全线性相关。当 $r = +1$ 时，称为完全正相关；当 $r = -1$ 时，称为完全负相关。

相关系数只表示 x 与 y 线性相关的密切程度，当 $|r|$ 很小甚至为 0 时，只表明 x 与 y 之间线性相关不密切，或不存在线性关系，并不表示 x 与 y 之间没有关系，可能两者存在着非线性关系。

相关系数 r 计算式如下：

假设两个随机变量的数据分别为 (x_1, y_1)，(x_2, y_2)，$\cdots$ (x_n, y_n)，则变量间的线性相关系数为

$$r = \frac{l_{xy}}{\sqrt{l_{xx}l_{yy}}} = \frac{\sum_{i=1}^{n}(x_i - \bar{x})(y_i - \bar{y})}{\sqrt{\sum_{i=1}^{n}(x_i - \bar{x})^2}\sqrt{\sum_{i=1}^{n}(y_i - \bar{y})^2}}$$

$$= \frac{\sum_{i=1}^{n}x_iy_i - n\bar{x}\bar{y}}{\sqrt{\sum_{i=1}^{n}x_i^2 - n\overline{x^2}}\sqrt{\sum_{i=1}^{n}y_i^2 - n\overline{y^2}}}$$

相关系数的绝对值越接近 1，x 与 y 的线性关系越好。

表 3-2 为相关系数检验表，表中的数值称为相关系数的起码值。求出的相关系数大于表中的数值时，表明上述用一元线性回归配出的直线是有意义的。

表 3-2　相关系数检验表

$n-2$	5%	1%	$n-2$	5%	1%	$n-2$	5%	1%
1	0.997	1.000	16	0.468	0.590	35	0.325	0.418
2	0.950	0.990	17	0.456	0.575	36	0.304	0.393
3	0.878	0.959	18	0.444	0.561	45	0.288	0.372
4	0.811	0.917	19	0.433	0.549	50	0.273	0.354
5	0.754	0.874	20	0.423	0.537	60	0.250	0.325
6	0.707	0.834	21	0.413	0.526	70	0.232	0.302
7	0.666	0.798	22	0.404	0.515	80	0.217	0.283
8	0.632	0.765	23	0.396	0.505	90	0.205	0.276
9	0.602	0.735	24	0.388	0.496	100	0.195	0.254
10	0.576	0.708	25	0.381	0.487	125	0.174	0.228
11	0.553	0.684	26	0.374	0.478	150	0.159	0.208
12	0.532	0.661	27	0.367	0.470	200	0.138	0.181
13	0.514	0.641	28	0.361	0.463	300	0.113	0.148
14	0.497	0.623	29	0.355	0.456	400	0.098	0.128
15	0.482	0.606	30	0.349	0.449	1 000	0.062	0.081

回归线的精度用于表示实测的偏离回归线的程度。回归线的精度可以用标准误差来估计，其计算式为

$$s = \frac{\sum_{i=1}^{n} (y_i - \widehat{y_i})^2}{n-2}$$

式中，y_i 为 x_i 代入 $y = a + bx$ 的计算结果。

显然，s 越小，y_i 离回归线越近，则回归方程精度越高。这里的标准误差称为剩余标准差。

（4）一元非线性回归。在固体废物处理与处置工程中遇到如下问题：有时两个变量之间的关系并不是线性关系，而是某种曲线关系。这时，需要解决选配适当类型的曲线以及确定相关函数中的系数等问题。具体步骤如下：

①确定变量间函数的类型的方法有两种：

a. 根据已有的专业知识确定。

b. 实在无法确定变量间函数关系的类型时，先根据实验数据作散布图，再从散布图的分布形状选择适当的曲线来配合。

②确定相关函数中的系数。

确定函数类型以后，需要确定函数关系式中的系数。其方法如下：

a. 通过坐标变换（即变量变换）把非线性函数关系化呈线性关系，即化曲线为直线。

b. 在新坐标线中用线性回归方法配出回归线。

c. 还原回原坐标系，即得所求回归方程。

③如果散布图所反映的变量之间的关系与两种函数类型相似，无法确定选用哪一种曲线形式更好，则可以都作回归线，再计算它们的剩余标准差并进行比较，选择剩余标准差小的函数类型。

第二篇　常规实验篇

第四章 水 处 理

实验一 自由沉淀实验

一、实验目的

加深对自由沉淀特点、基本概念及沉淀规律的理解，掌握沉淀曲线测试和绘制方法。

二、实验原理

沉淀分为自由沉淀、絮凝沉淀和成层沉淀。

（1）自由沉淀：针对浓度稀的粒状颗粒的沉淀，沉淀过程中颗粒互不干扰，等速下沉，且沉速在层流区符合 Stokes 公式。

（2）絮凝沉淀：针对悬浮物浓度在 600~700 mg/L 以下的絮状颗粒，沉淀过程中颗粒互相碰撞，絮凝变大，其沉速加速度会改变。

（3）成层沉淀：颗粒浓度大于某值时，颗粒的沉淀表现为浑浊液面的整体下沉，此时体系中的颗粒间相互位置保持不变，它们的下沉速度为浑浊液面的等速下沉速度。另外，此下沉速度与原水浓度、悬浮物性质等有关，与沉淀深度无关。但是沉淀深度会影响颗粒在变浓区的沉速和压缩区的压实程度。

为了研究浓缩，提供从浓缩角度在设置澄清浓缩池时所必需的参数，应考虑沉降柱的有效水深。此外，高浓度水沉淀过程中，器壁效应更为突出，为了能真实地反映客观实际状态，沉淀柱直径一般要≥200 mm，且柱内还应有慢速搅拌装置，以便消除器壁效应和充当沉淀池地内刮泥机。

三、实验设备及用具

（1）沉淀用有机玻璃柱，内径 $d=150$ mm，高 $H=1\,600$ mm；内设搅拌装置，转速 1 rpm；上设溢流管、取样口、进水管及放空管。

（2）配水系统一套（每套系统为两套沉淀装置供水），包括小车、污泥泵、水箱等。

（3）计量水深用标尺、计时用秒表。

（4）悬浮物定量分析用电子天平、定量滤纸、称量瓶、烘箱、抽滤装置、干燥器等。

（5）取样用 100 mL 比色管、100 mL 量筒、瓷盘等。

抽滤装置、自由沉淀实验装置如图 4-1、图 4-2 所示。

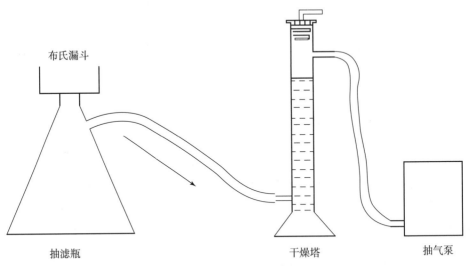

布氏漏斗

抽滤瓶　　　　　　　　　　　干燥塔　　　　　抽气泵

图 4-1　抽滤装置示意图

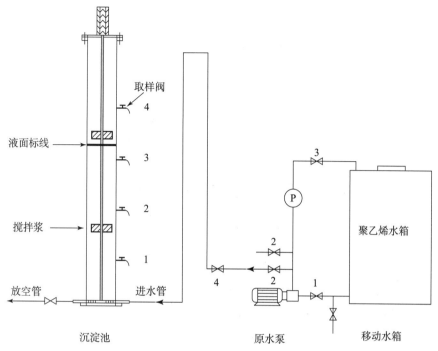

图 4 – 2　自由沉淀实验装置示意图

四、实验步骤

（1）检查沉淀装置连接情况，保证各个阀门完全闭合；各种用具是否齐全。

（2）打开阀门1、3，水泵接电，使水箱中污水在自循环条件下混合均匀；取水箱水样测悬浮物浓度 C。

（3）启动搅拌器，控制转速为 1 rpm；打开阀门2、4，慢速关小阀门3，使沉淀柱进水速度均匀；待沉淀柱水位达到溢流孔时，依次关闭阀门2、4，并开始记录时间。

（4）在开始后 0、5、10、20、30、60 min 时，分别在 1 号取样口取样 100 mL，测悬浮物浓度 C_0；同时观察悬浮颗粒沉淀特点、现象。

（5）悬浮物测定方法：

①将定量滤纸置于称量瓶内烘至恒重 W_1。

②将抽滤水样后滤纸放入称量瓶中，烘干至恒重 W_2。

③悬浮物浓度 C 为

$$C = \frac{W}{V} = \frac{W_2 - W_1}{V}$$

五、注意事项

（1）向沉淀柱内进水时，速度要适中，既要较快完成进水，以防进水中一些较重颗粒沉淀；又要防止速度过快造成柱内水体紊动，影响静沉实验效果。

（2）取样时，先排除管中积水而后取样（排出 20 mL 左右），每次取样 100 mL。

六、数据记录与分析

（1）在格纸上绘制 $u - p$ 关系曲线。

（2）利用图解法列表，计算不同沉速时悬浮物去除率 E（记入表 4 - 3 中）。

（3）填写下列实验内容：

实验日期：_____

水样性质及来源：_____

沉淀柱内径：$d = 150$ mm；柱高：$H = 1\ 600$ mm；有效高度：$h = 1\ 200$ mm；

水温（℃）：_____

每次取样体积：$V = 100$ mL

原水悬浮物浓度 C_0（mg/L）：_____

（4）将测试的数据记在表 4 - 1 ~ 表 4 - 3 中。

表 4 - 1　悬浮物性质测试记录表

沉淀时间 /min	称量 瓶号	瓶 + 滤纸 重量 W_1/g	瓶 + 滤纸 + SS 重量 W_2/g	水样 SS /g	水样浓度 C /(mg·L^{-1})
0					
5					
10					
20					

续表

沉淀时间/min	称量瓶号	瓶+滤纸重量 W_1/g	瓶+滤纸+SS 重量 W_2/g	水样 SS/g	水样浓度 C/(mg·L^{-1})
30					
60					

表 4-2 沉淀数据整理表

沉淀时间/min	0	5	10	20	30	60
颗粒沉速 $u = \dfrac{h}{t}$/(nm·s^{-1})						
水样浓度 C/(mg·L^{-1})						
未被移除颗粒百分比 $p_i = \dfrac{C_i}{C_0} \times \%$						

表 4-3 沉淀物去除 E 的计算

序号	u	p	$1-p$	Δp	u_i	$u_i \cdot \Delta p$	$\sum u_i \cdot \Delta p / u_0$	$E = (1-p_0) + \sum u_i \cdot \Delta p / u_0$
1								
2								
3								
4								
5								
6								

七、实验结果与分析

若按 $E = (C_0 - C_i)/C_0 \times 100\%$ 计算不同沉淀时间 t 的沉淀效率 E 有何不妥？此时实验方法或条件应如何改变和优化？

八、思考题

（1）自由沉淀中颗粒沉速与絮凝沉淀颗粒沉速有何区别？

（2）自由沉淀的颗粒沉速如何计算？

实验二　混凝沉淀实验

一、实验目的

（1）了解常用混凝剂的特性。

（1）认识混凝剂在水净化过程的作用。

（3）观察混凝现象及过程，从而加深对混凝理论的理解。

二、实验原理

水中粒径小的悬浮物以及胶体物质，由于微粒的布朗运动，胶体颗粒间的静电排斥力和胶体表面的水化作用，致使水中这种含浊状态稳定。

向水中投加混凝剂后，可以产生以下作用：

（1）压缩双电层。能降低颗粒间的排斥能峰，降低胶粒的 δ 电位，实现胶粒"脱稳"。

（2）吸附电中和。在废水中投入混凝剂，因混凝剂为电解质，在废水里形成胶团，与废水中的胶体物质发生电中和，形成绒粒沉降。

（3）发生高聚物式高分子混凝剂的吸附架桥作用。

（4）网捕作用，从而达到颗粒的凝聚。

三、实验设备及用具

（1）药品：硫酸铝。

（2）天平 1 台。

（3）1 000 mL 量筒 2 个。

（4）1 000 mL 烧杯 6 个。

（5）100 mL 烧杯 2 个。

（6）10 mL 移液管 2 支。

（7）2 mL 移液管 1 支。

（8）20 mL 医用针筒 6 支。

（9）洗耳球 1 个。

（10）浊度仪 1 台。

（11）pH 试纸若干。

（12）酒精温度计 1 支。

（13）混凝搅拌器 1 台。

四、实验方法

（1）就近采集河涌环境水样。

（2）认真了解混凝搅拌器和浊度仪的工作原理、程序设置、使用方法。根据实验的流程在混凝搅拌器上设定加药、搅拌、静止等程序。

（3）用去离子水，配制 1 g/L 硫酸铝溶液，作为混凝剂的母液。

（4）用 1 000 mL 量筒取 6 个水样至 6 个 1 000 mL 烧杯中。注意：所取水样要搅拌均匀，要一次量取，以尽量减少取样浓度上的误差。

（5）测量原水样的浊度、温度、pH 值等并记入表 4－4 中。

表 4－4 最佳投药量实验记录

实验小组	混凝剂名称				原水温度/℃			
	原水浊度				原水 pH 值			
I	水样	编号	1	2	3	4	5	6
		代号	a	x_1	x_2	x_3	x_4	b
	投药量	mL						
		mg/L						
	剩余浊度							
	沉淀后 pH 值							
II	水样	编号	1	2	3	4	5	6
		代号	a	x_1	x_2	x_3	x_4	b
	投药量	mL						
		mg/L						
	剩余浊度							
	沉淀后 pH 值							

（6）将一定量的硫酸铝依次加入各水样中，确保第 1 组水样中的硫酸铝浓度为 10、20、30、40、50、60、70、80 mg/L。

（7）将第 1 组水样置于混凝搅拌器下（搅拌时间和程序按说明书预先设定好。与此同时，按计算好的投加量，用移液管分别移取不同体积的混凝剂逐个加到加药试管中）。

（8）开动机器，在搅拌器第一次自动加药后，用蒸馏水冲洗加药试管 1~2 次。

（9）搅拌器以 500 rpm 的速度搅拌 30 s，150 rpm 的速度搅拌 5 min，80 rpm 的速度搅拌 10 min。

（10）搅拌过程中，注意观察并记录矾花形成的过程，包括矾花形成的快慢、外观、大小、密实程度、下沉快慢等。

（11）搅拌完成后，搅拌器自动停机，水样静沉 15 min，继续观察并记录矾花沉淀的过程，记入表 4-5 内。

（12）第 1 组 6 个水样，静止 15 min 后，用针筒在 6 个水样中依次取出约 20 mL 的上清液，至于浊度仪的水样瓶中，用浊度仪测出其剩余浊度，记入表 4-4 内。

（13）比较第 1 组实验结果，根据 6 个水样所测得的剩余浊度值，以及对水样混凝沉淀观察记录（表 4-5）的分析，对最佳投加量所在区间作出判断，缩小实验范围（加药量的范围），重新设定（第 2 组）实验的最大和最小投药量 a 和 b，以及 a、b 之间的 x_1、x_2、x_3、x_4 值，重复以上实验。

表 4-5 混凝现象观察记录

试验组号	观察记录		小结
	水样编号	矾花形成及沉淀过程描述	
I	1		
	2		
	3		
	4		
	5		
	6		

续表

试验组号	观察记录		小结
	水样编号	矾花形成及沉淀过程描述	
Ⅱ	1		
	2		
	3		
	4		
	5		
	6		

五、注意事项

（1）加药的药液量少时，要掺点去离子水摇匀，以免沾在试管上的药液过多，影响投药量的精确度。

（2）移取烧杯中的沉淀水上清液时，要用相同的条件取上清液，不要把沉淀下去的矾花搅拌起来。

（3）成果整理。以投药量为横坐标，以剩余浊度为纵坐标，绘制投药量 *vs* 剩余浊度曲线图（图4-3），从曲线上求得最佳投药量值。

图4-3　投药量 *vs* 剩余浊度曲线图

（4）除硫酸铝外，其他常见混凝剂还有氯化铁、聚合氯化铁、聚合硫酸铝、聚丙烯酰胺，根据实际情况进行选择使用。但其投加量和使用环境应进行合理调节。

（5）实验报告必须明确指出最佳投药量的值和最佳适用范围。最佳投药量的单位为浓度（mg/L），并不是体积。

六、实验结果与分析

(1) 根据混凝曲线图，确定混凝药剂的最佳投药量和最佳适用范围。
(2) 为什么投药量最大时，混凝效果不一定好？

七、思考题

(1) 根据实验结果以及实验中所观察到的现象，简述影响混凝效果的几个主要因素。
(2) 总结分析各种混凝剂的特点、适用条件和主要优缺点。
(3) 在混凝实验中，应注意哪些操作方法？投药量对混凝效果有什么影响？

实验三　活性炭静态吸附实验

一、实验目的

(1) 通过实验进一步了解活性炭的吸附工艺及性能，并熟悉整个过程的操作。
(2) 掌握用间歇法、连续流法确定活性炭处理污水设计参数的方法。

二、实验原理

活性炭吸附，就是利用活性炭的固体表面对水中一种或多种物质产生吸附作用，以达到净化水质的目的。

活性炭在溶液中达到吸附平衡时，活性炭的吸附能力以吸附量 q 表示，即

$$q = \frac{V(C_0 - C_t)}{M} = \frac{X}{M} \tag{4-1}$$

式中，q 为活性炭吸附量，即单位重量的活性炭所吸附的物质重量，g/g；V

为污水体积，L；C_0 为吸附前原水中的物质浓度，g/L；C_t 为吸附平衡时污水中的物质浓度，g/L；X 为被吸附物质的重量，g；M 为活性炭投加量，g。

在温度一定的条件下，活性炭吸附量随被吸附物质平衡浓度的升高而增加，两者之间的变化曲线被称为吸附等温线，通常用费兰德利希经验式来表达：

$$q = k \cdot C^{\frac{1}{n}} \qquad\qquad (4-2)$$

式中，q 为活性炭吸附量，g/g；C 为被吸附物质的平衡浓度，g/L；k、n 是与活性炭种类、温度、被吸附物质性质有关的常数。对式（4-2）两边取对数：

$$\lg q = \lg k + \frac{1}{n}\lg C \qquad\qquad (4-3)$$

通过吸附实验测得 q、C 相应值，并作式（4-3）所示直线，即可求得斜率为 $1/n$，截距为 $\lg k$。

三、实验设备及用具

（1）恒温振荡器 1 台。

（2）亚甲基蓝粉末、粉末状活性炭、颗粒状活性炭各 1 瓶。

（3）天平 1 台。

（4）紫外可见分光光度计 1 台。

（5）250 mL 锥形瓶 6 个。

（6）50 mL 比色管 7 支。

（7）温度计、量筒、移液管、100 mL 容量瓶、滤纸（烘干后置于干燥器中）、漏斗、漏斗架、封口纸或保鲜膜。

四、实验方法

（一）绘制标准曲线

（1）配置 1 L 的 1 g/L 亚甲基蓝母液，充分摇匀，使得亚甲基蓝母液完全溶解。

（2）开机并预热分光光度计。

（3）准确吸取一定量亚甲基蓝母液（浓度为 1 g/L）于 50 mL 比色管中，加入适量去离子水稀释，形成 0（空白，50 mL 的去离子水）、2.5、5、7.5、

10、12.5、15 mg/L 的亚甲基蓝溶液。

（4）用分光光度计测其吸光度（波长 664 nm），绘制吸光度 *vs* 浓度的标准曲线，并作线性拟合求得其线性方程。

（二）活性炭吸附亚甲基蓝实验

（1）配置含 20 mg/L 的亚甲基蓝溶液 600 mL，并测定其 pH 值。

（2）安排 1～2 实验组做颗粒状活性炭吸附实验，以对照，其他组则做粉末活性炭吸附实验。

（3）颗粒状活性炭吸附实验：在 6 个 250 mL 的锥形瓶中加入 0、50、100、200、300、400 mg 颗粒状活性炭，再分别加入 100 mL 含 20 mg/L 的亚甲基蓝溶液。

（4）粉末状活性炭吸附实验：在 6 个 250 mL 的锥形瓶中分别加入 0、10、20、30、40、50 mg 粉末状活性炭，再分别加入 100 mL 含 20 mg/L 亚甲基蓝的溶液。

（3）将锥形瓶放在振荡器上振荡，摇床速度设为 150 rpm，保持反应温度为 25 ℃，计时振荡 1 h。

（4）将振荡后的水样用漏斗和滤纸过滤到比色管中。过滤前期的约 10 mL 滤出液作为滤纸和容器的润洗液，需要丢弃。最终获取滤出液 30 mL。

（5）用分光光度计测定滤出液的吸光度（波长 664 nm），并记录在表 4 – 6 中。

（6）在标准曲线上计算出亚甲基蓝的浓度。

表 4 – 6 实验记录

序号	原水亚甲基蓝 /(mg·L⁻¹)	出水亚甲基蓝 /(mg·L⁻¹)	废水体积 /mL	废水 pH 值	活性炭量 /g	吸附量 /(g·g⁻¹)	亚甲基蓝 去除率/%
1							
2							
3							
4							
5							
6							

五、实验结果与分析

（1）绘制吸附等温线。根据测定吸附等温线数据，按式（4－3）或式（4－4）绘制。

（2）综合分析实验过程与数据，并讨论实验数据与吸附等温式之间的关系。

六、思考题

（1）吸附等温线有什么现实意义？

（2）做吸附等温线时为什么要用粉末炭？

实验四　活性炭动态吸附实验

一、实验目的

通过实验进一步了解活性炭的吸附工艺及性能，并熟悉整个实验过程的操作，掌握用连续流法确定活性炭处理污水设计参数的方法。

二、实验原理

活性炭吸附是去除溶解性有机物的主要手段，其吸附过程可用吸附等温线表示，在连续流吸附过程中形成一向前迁移的吸附带。

三、实验设备及用具

（1）连续流活性炭吸附实验装置1套（单柱），内径25 mm，高度1 000 mm，炭层高度700 mm。

（2）分光光度计、玻璃器皿等。

四、实验步骤

（1）熟悉动态活性炭吸附装置。

（2）测自配污水吸光度 ABS_0。

（3）按降流方式，以 2 L/h 的流量进行单柱实验（运行时炭层不应有空气泡）。运行 30 min，每隔 5 min 取样测出水吸光度 ABS_i。

（4）改变流量分别以 3.0、4.0、5.0、6.0 L/h 的流量运行 10 min，每隔 5 min 取样测出水吸光度 ABS_i。

五、数据记录与分析

记录实验结果，根据吸光度数据，污染物的去除率

$$R = \frac{ABS_0 - ABS_i}{ABS_0} \times 100\%$$

综合分析实验结果，并提出优化活性炭动态吸附污染物的方法和建议。

六、思考题

（1）由实验结果探讨工作流速对吸附带长度、去除效果的影响。

（2）连续流的升流式和降流式运动方式各有什么特点？

实验五　气浮实验

一、实验目的

（1）了解和掌握气浮净水方法的原理及其工艺流程。

（2）了解气浮法设计参数，掌握最佳反应条件。

二、实验原理

气浮法就是使空气以微小气泡的形式出现于水中并慢慢自下而上地上升。

在上升过程中，气泡与水中污染物质接触，并把污染物质黏附于气泡上（或气泡附于污染物上），从而形成密度小于水的气—水结合物浮升到水面，使污染物质从水中分离出去。

三、实验设备及用具

（1）接触气浮反应器。

（2）混凝试验搅拌仪 1 台。

（3）搅拌桨 1 个。

（4）10 mL 移液管 1 根。

（5）1 000 mL 量筒 1 个。

（6）10 mg/mL 聚合氯化铝溶液 1 瓶。

（7）浊度仪 1 台。

四、实验步骤

（1）测量并记录原水浊度。

（2）用 1 000 mL 量筒量取 2 L 原水置于反应器中，盖好搅拌桨。

（3）启动程控搅拌仪，编程序（快速搅拌：500 rpm，0.5 min；一级反应：155 rpm，3 min；二级反应：47 rpm，3 min；进溶气水：20 rpm，1 min；静置：0 rpm，5 min）并储存。

（4）用移液管向反应器中加入 4 mL 聚合氯化铝溶液。

（5）运行程序，在进溶气水阶段拧开阀门，使溶气水均匀地进入反应器（速度 400 mL/min），分别设计进水量为 0、5%、10%、15%（即进水时间分别为 0 s、15 s、30 s、45 s）。注意观察絮体形成、并大、上升的过程。

（6）程序运行结束后，由取样口取样测量出水浊度，并记入表 4 - 7 中。

五、注意事项

（1）取原水及混凝剂时，在量取之前应先搅拌均匀。

（2）进溶气水时要保证均匀进水，尽量不要在进水过程中改动进水流量。

六、数据记录与分析

表 4 – 7　实验记录

原水：　　水温/℃：_____　　浊度/NTU：_____

回流比	10%	15%	20%	25%
出水浊度/NTU				
浊度去除率/%				

根据实验结果，分析得出浊度和浊度去除率变化的趋势。

七、思考题

（1）气浮法与沉淀法有什么相同之处？有什么不同之处？

（2）试述影响混凝—气浮工艺的主要因素。

（3）气泡和絮体接触状况对气浮效果有何影响？

实验六　萃取实验

一、实验目的

（1）掌握萃取原理和方法。

（2）了解溶质的浓度对萃取效果的影响。

（3）掌握分配系数 K 的计算。

二、实验原理

液—液萃取是分离和提纯物质的重要单元操作之一，又称溶剂萃取，简称萃取或抽提。它是利用物质在两种不互溶（或微溶）溶剂中溶解度或分配比的不同来达到提取或纯化目的的一种操作。

萃取分为物理萃取和化学萃取。如果萃取过程中，萃取剂与溶质不发生

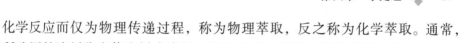

化学反应而仅为物理传递过程，称为物理萃取，反之称为化学萃取。通常，所选用的溶剂称为萃取剂或溶剂，以 S 表示。所处理的液体混合物称为原料液，其中，较易溶于萃取剂的组分称为溶质，以 A 表示；较难溶的组分称为原溶剂或稀释剂，以 B 表示。

液—液萃取原理是：原料液由 A、B 两组分组成，欲将其分离，选用萃取剂 S。萃取剂必须满足以下两点：

（1）萃取剂对原料液中各组分具有不同的溶解能力。

（2）萃取剂不能与原料液完全互溶。也就是说，萃取剂 S 对溶质 A 有较大的溶解度，而对稀释剂 B 应是完全不互溶或部分互溶。

萃取操作中，将原料液和萃取剂倒入三角烧瓶中，三角烧瓶中有两个液相。然后用恒温振荡器水振荡原料液，使一液相以小液滴形式分散于另一液相中，造成很大的相际接触面积，使萃取剂 A 由稀释剂 B 中向萃取剂 S 中扩散。两相充分接触后，停止振荡，把原料液倒入分液漏斗中稳定一段时间。两液相因密度差自行沉降分层。其中一相以萃取剂 S 为主，并溶有大量的溶质 A，称为萃余相，以 E 表示。另一相以稀释剂 B 为主，并含有未被萃取的溶质 A，称为萃余相，以 R 表示。若萃取剂 S 与稀释剂 B 部分互溶，则萃取相中还含有少量的 B，萃余相中含有少量的 S。

三、实验设备及用具

恒温振荡器、分液漏斗、碱式滴定管、三角烧瓶、酚酞、氢氧化钠、乙酸（溶质）、磷酸三丁酯、四氯化碳（稀释剂）、三氯甲烷。

四、实验步骤

（1）配备不同浓度（0.1、0.2、0.3 mol/L）的乙酸溶液。

（2）配备萃取剂（磷酸三丁酯和四氯化碳的体积比为 1∶4）50 mL。

（3）配备萃取剂（磷酸三丁酯和三氯甲烷的体积比为 1∶4）50 mL。

（4）配备原料液（50 mL 萃取剂和 50 mL 不同浓度的乙酸）。

（5）用恒温振荡器来振荡原料液 60 分钟（振荡频率为 200 次/min）。

（6）振荡后的原料液倒入分液漏斗中稳定 30 min。

五、注意事项

（1）上层液体从分液漏斗上口倒出，以免被残留在漏斗颈上的另一液体所污染。

（2）每次使用萃取溶剂的体积一般是被萃取液体的 1/5 ~ 1/3，两者的总体积不应超过分液漏斗总体积的 2/3。

六、数据记录与分析

在稳定好的水相中提取 20 mL 放入三角瓶后用 0.1 mol/L 氢氧化钠溶液（指示剂为酚酞）滴定到终止。然后氢氧化钠溶液的用量可以换算出萃取相中乙酸的含量。最后计算：①留在水中乙酸的量及质量分数；②留在萃取剂中的乙酸量及质量分数。比较不同萃取剂的萃取效果，其分配系数 K 的计算式为

$$K = \frac{C_A}{C_B}$$

式中，C_A 为有机相中乙酸的摩尔浓度，mol/L；C_B 为水相中乙酸的摩尔浓度，mol/L；K 为常数。

七、思考题

（1）影响萃取法的萃取效率的因素有哪些？怎样才能选择好溶剂？

（2）比较不同萃取剂对乙酸的萃取能力。

（3）使用分液漏斗的目的何在？使用分液漏斗时要注意哪些事项？

实验七　臭氧的氧化脱色实验

一、实验目的

（1）了解臭氧的特性及应用原理。

（2）通过对染料的氧化脱色，了解臭氧处理工业废水的基本过程。

二、实验原理

（一）臭氧的特点

氧化能力强，对除臭、脱色、杀菌、去除有机物都有明显的效果；处理后废水中的臭氧易分解，不产生二次污染；制备臭氧的空气和电不必贮存和运输，操作管理也比较方便。

（二）臭氧处理印染废水

普遍存在于印染废水中的偶氮染料稳定性高、水溶性大，是一种难降解的有机物。传统的化学氧化法和生物法难以取得令人满意的效果。臭氧的氧化性极强，在自然界中其氧化还原电位仅次于氟，常用于工业废水的杀菌消毒、除臭、脱色等。臭氧化技术作为一种高级氧化技术近年来被用于去除染料和印染废水的色度和难降解有机物。其反应原理主要是通过活泼的自由基如臭氧自由基与污染物反应，使染料的发色基团中的不饱和键断裂，生成分子量小、无色的有机酸、醛等中间产物。这些中间产物难以被臭氧彻底矿化，但能够被微生物进一步降解，所以臭氧化处理可以作为印染废水的预处理阶段，提高废水的可生化性。

三、实验设备及用具

（1）亚甲基蓝粉末 1 瓶。

（2）臭氧发生装置 1 套。

（3）紫外可见分光光度仪 1 台。

（4）分析天平 1 台。

（5）500 mL 量筒 1 个。

（6）1 000 mL 和 500 mL 容量瓶各 1 个。

（7）500 mL 烧杯 1 个。

（8）50 mL 比色管 7 支。

（9）10 mL 离心管 6~10 支。

（10）5 mL 胶头滴管 6~10 支。

（11）pH 值试纸、烧杯、玻璃棒、移液管、封口纸、标签纸等若干。

四、实验方法

（一）绘制标准曲线

（1）配置 1 L 的 1 g/L 亚甲基蓝母液，充分摇匀，使得亚甲基蓝母液完全溶解。

（2）开机并预热分光光度计。

（3）准确吸取一定量亚甲基蓝母液（浓度为 1 g/L）于 50 mL 比色管中，加入适量去离子水稀释，配制 0 mg/L（空白，50 mL 的去离子水）和 2.5、5、7.5、10、12.5、15 mg/L 的亚甲基蓝溶液。

（4）用分光光度计在波长 664 nm 处测定其吸光度，绘制吸光度 vs 浓度的标准曲线，并做线性拟合求得其线性方程。

（二）臭氧的氧化脱色实验

（1）配置含 10 mg/L 的亚甲基蓝溶液 500 mL，并置于 500 mL 烧杯中，用封口纸封住烧杯口后留一小孔以便于臭氧管插入；用尖锐物件在封口纸其他位置扎 10 余小孔。

（2）测定 10 mg/L 的亚甲基蓝溶液 pH 值和分光光度值。

（3）熟悉装置流程、仪器设备和管路系统，并检查连接是否完好。

（4）开启电源，按要求产量调节机器内调压器至所需电压（切记此时不能开臭氧发生器开关，高压危险）。

（5）调好调压器后关闭机门后再开启臭氧发生器启动开关。

（6）向 10 mg/L 染料（亚甲基蓝溶液）中通入臭氧，计时（如 0、5、10、15、20、25、30 min）取样，取样体积为 5 mL；用分光光度计在 664 nm 处测定溶液吸光度，并记录在表 4 - 8 中。

表 4 - 8　实验记录

反应时间 /min	原水亚甲基蓝/(mg·L⁻¹)	出水亚甲基蓝/(mg·L⁻¹)	废水体积/mL	废水 pH 值	亚甲基蓝脱色率/%

反应时间/min	原水亚甲基蓝/(mg·L⁻¹)	出水亚甲基蓝/(mg·L⁻¹)	废水体积/mL	废水pH值	亚甲基蓝脱色率/%

（8）在标准曲线上计算出亚甲基蓝的浓度。

（9）脱色率 R 计算公式为

$$R = \frac{C_0 - C_t}{C_0} \times 100\% \tag{4-4}$$

式中，R 为脱色率，%；C_0 为脱色前原水中的物质浓度，mg/L；C_t 为脱色 t 时间时污水中的物质浓度，mg/L。

（10）实验完毕后关机顺序：首先关闭臭氧发生器开关（先降压、再停电）；然后停冷却水，让无油空压机吹起 10 min，将放电室潮气吹出；最后再停气源，并关闭有关阀门。

五、实验结果与分析

（1）根据表 4-8 实验数据及式（4-4），绘制时间 *vs* 脱色率的关系图。

（2）讨论臭氧脱色的动力学。

六、思考题

（1）除了臭氧，还有哪些氧化剂可以使染料脱色？

（2）简述臭氧氧化有机物的机理。

（3）臭氧可与哪些工艺或物质联用？如何增强染料废水的处理效果？

（4）臭氧除了用于染料废水脱色外，还能用于哪些污染物的处理？

实验八　污泥特性参数测定实验

一、实验目的

（1）掌握沉降比（SV%）和污泥指数（SVI）两个表征活性污泥沉淀性能指标的测定和计算方法，减少测定误差。

（2）进一步明确沉降比、污泥指数、活性污泥浓度（MLSS）、混合液挥发性悬浮固体浓度（MLVSS）四者之间的关系以及它们对活性污泥法处理系统的设计和运行控制的指导意义。

（3）加深对活性污泥的絮凝沉淀的特点和规律的认识。

二、实验原理

在活性污泥法中，二次沉淀池是活性污泥系统的重要组成部分，它用以澄清混合液并浓缩回流污泥，其运行状态如何，直接影响处理系统的出水质量和回流污泥的浓度。实践表明出水生化需氧量（BOD）浓度中相当一部分是由于出水中悬浮物引起的，而对于二沉池的运行，除了其构造原因之外，影响其运行的主要因素是混合液（活性污泥）的沉降情况。通常沉降性能的指标采用污泥沉降比和污泥指数来表示，沉降比即曝气池出水的混合液的体积在100 mL的量筒中静置沉淀30 min后，沉淀后的污泥体积和混合液的体积（100 mL）之比值。如图4-4所示，污泥指数的全称为污泥容积指数，是曝气池出口处混合液经30 min静置沉淀后1 g干污泥所占的容积，以mL计，即

$$SVI = \frac{混合液\,30\;min\,静沉后污泥容积\;（mL/L）}{污泥干重\;（g/L）}$$

$$= \frac{SV\% \times 10}{MLSS\;（g/L）}$$

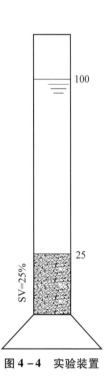

图4-4　实验装置

可见，污泥沉降比不仅在一定程度上反映了活性污泥的沉降性能，而且其测定方法简单、快速、直观，因此是评价活性污泥的重要指标。当污泥浓度变化大时，用污泥沉降比就能很快反映出活性污泥沉降性能以及污泥膨胀等异常情况。当处理系统受到水质水量的变化或其他有毒物质的冲击负荷的影响以及环境因素发生变化时，曝气池中的混合液浓度或污泥指数都可能发生较大的变化。单纯地用污泥沉降比作为沉降性能的评价指标不够充分，因为污泥沉降比中并不包括污泥浓度的因素，因此引出了污泥指数的概念。简单地说，污泥指数是经 30 min 沉淀后的污泥密度的倒数。因此，污泥指数能客观地评价活性污泥的松散程度和絮凝、沉淀性能，及时地反映出是否有污泥膨胀的倾向或已经发生污泥膨胀。

三、实验设备及用具

（1）活性污泥法处理系统（模型系统）：曝气池。

（2）活性污泥处理系统所需要的设备。

（3）100 mL 量筒，每组 3 个；坩埚，每组 2 个；表面皿，每组 3 个，定时器，每组 1 个。

（4）滤纸（烘干）若干、抽滤器、布氏漏斗、烘箱、马弗炉、天平、称量瓶、虹吸管、洗耳球等。

四、实验方法

在曝气池中取 3 个污泥样品测定或计算沉降比、污泥体积指数、污泥浓度、混合液挥发性悬浮固体浓度。

（一）沉降比

实验步骤如下：

（1）将干净的 100 mL 量筒用去离子水冲洗后，甩干。

（2）将虹吸管吸入口放在曝气池中，用洗耳球将曝气池的污泥混合液吸出，并形成虹吸。

（3）通过虹吸管将混合液置于 100 mL 量筒中，至 100 mL 刻度处，并从此时开始计算沉淀时间。注意：取 3 个污泥样品，分别装于 100 mL 量筒中。

（4）将装有污泥的 100 mL 量筒放在静止处，观察活性污泥絮凝和沉淀的过程与特点，且在第 1、3、5、10、15、20、30 min 分别记录污泥界面以下的污泥容积；该污泥容积即为污泥沉降比，记录为 SV%，如表 4-9 所示。

(二) 活性污泥浓度

活性污泥浓度 (MLSS) 是单位体积的曝气池混合液中所含污泥的干重，实际上是指混合液悬浮固体的数量，单位为 mg/L 或 g/L，如表 4-9 所示。

实验步骤如下：

(1) 将滤纸和称量瓶放在 103~105 ℃烘箱中干燥至恒重，称量并记录 W_1。

(2) 将该滤纸剪好平铺在布氏漏斗上 (剪掉的部分滤纸不要丢掉)。

(3) 将前述沉降比步骤的第 30 min 沉淀的污泥和上清液一同倒入过滤器中过滤 (用水冲净量筒，水也倒入漏斗)。

(4) 将载有污泥的滤纸移入称量瓶中，放入烘箱 (103~105 ℃) 中烘干恒重，称量并记录 W_2。

(5) 污泥干重 = $W_2 - W_1$。

(6) 依据以下公式，进行污泥浓度计算：

$$\text{MLSS} = \frac{W_2 - W_1}{100 \text{ mL}} \times 1\ 000$$

(三) 污泥体积指数

污泥体积指数 (SVI) 是指曝气池混合液经 30 min 静沉后，1 g 干污泥所占的容积 (单位为 mL/g)。SVI 值能较好地反映出活性污泥的松散程度 (活性) 和凝聚、沉淀性能。SVI 值一般在 100 左右为宜。SVI 计算公式为

$$\text{SVI} = \frac{\text{SV} \times 10}{\text{MLSS}}$$

将计算后的数据记入表 4-9 中。

(四) 污泥灰分和混合液挥发性悬浮固体浓度 (MLVSS)

挥发性污泥就是挥发性悬浮固体，它包括微生物和有机物，干污泥经灼烧后 (600 ℃) 剩下的灰分称为污泥灰分。

实验步骤如下：

(1) 先将已经恒重的瓷坩埚称量并记录 (W_3)。

(2) 再将测定过污泥干重的滤纸和干污泥一并放入瓷坩埚中，先在普通电炉上加热碳化；然后放入马弗炉内，在 600 ℃下灼烧 40 min。

（3）待马弗炉降温后取出置于干燥器内冷却，称量（W_4）后进行计算，将数据记入表4-9中。

表4-9　污泥 MLSS、MLVSS、SVI 测定表

测试日期	样点序号	W_1/g	W_2/g	W_3/g	W_4/g	MLSS /(g·L^{-1})	MLVSS /(g·L^{-1})	SVI /(mL·g^{-1})

五、实验结果与分析

（1）根据测定活性污泥沉降比和活性污泥浓度，计算污泥指数。

（2）通过所得到的污泥沉降比和污泥指数，评价该活性污泥法处理系统中活性污泥的沉降性能，是否有污泥膨胀的倾向或已经发生膨胀。

六、思考题

（1）污泥沉降比和污泥指数二者有什么区别和联系？

（2）准确地绘出100 mL量筒中污泥界面下的容积随沉淀时间 t 的变化曲线，如图4-5所示。

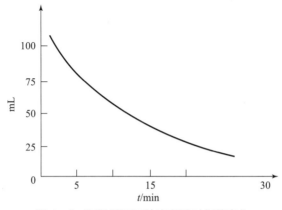

图4-5　污泥界面下的容积随时间的变化

（3）活性污泥的絮凝沉淀有什么特点和规律？

实验九　废水处理工艺运行效率对比虚拟仿真实验

一、实验目的

鉴丁水处理传统实验教学的局限性，结合现有的污水处理实训实验装置平台，开发污水处理虚拟仿真教学软件。通过虚拟仿真教学与实验教学相结合，有利于加深学生对污水处理构筑物的认识和理解，提高教学质量。

（1）了解并掌握污水处理厂的工艺流程、设计方法和基本运行参数。

（2）了解水处理设备及构筑物结构原理。

二、实验原理

虚拟仿真实验是利用计算机创建一个可视化的实验操作环境，其中的每一个可视化仿真物体代表一种实验仪器或设备，通过操作这些虚拟的实验仪器或设备，即可进行各种实验，达到与真实实验相一致的教学要求和目的。本实验内容主要包括资料查阅和虚拟仿真实验。上网操作，不需要在实验室实验，独立进行。

三、实验设备及用具

（1）虚拟仿真实验网址：

http://www. es–online. com. cn/Default/index. html.

（2）账号：老师提供。

（3）根据现有系统要求，需要重置密码等信息，新密码可以设置成一样，建议所有人都用这个示例的密码，方便记忆。

四、实验方法

（一）资料查阅及准备工作

仿真实验的设定的待处理废水类型为生活污水、印染废水、石油炼制废水、铁矿选矿废水、垃圾渗滤液等类型。

查阅文献资料了解上述废水的水质特点，常用的废水处理工艺（各处理单元构筑物、管渠、辅助建筑物）；主要的水质指标和水质排放标准（化学需氧量、生物需氧量、悬浮物、氨氮、总磷、pH 值、色度、水温等）。

收集实际工程案例，了解上述废水的主要污染物种类、数量（级）、浓度等特征。

备注：上网操作时候需要结合查阅到的相关文献资料和实际的工程案例，自行设定处于合理范围内的污染物的浓度。

（二）登录系统进行仿真实验，并完成实验报告

参考收集的文献和资料，对自己所设定的原水水质及处理后的目标水质，选取两个以上可行处理工艺进行比选论证，确定合理的工艺流程，说明理由（技术上可行，对工艺流程中各构筑物单元的功能及污染物去除效率进行详细说明，采用工艺处理出水能达标排放，经济上可行）。

备注：仿真系统一次只能选择一个工艺。故工艺比较需要仿真两次以上。在实验报告的分析讨论环节，根据系统的比较结果和文献查阅综合，得出合理工艺。

1. 仿真步骤

（1）打开网页，点击登录（图 4－5）。

图 4－5　系统首页界面

（2）使用账号和密码，登录系统（图4-6）。

图4-6 登录系统界面

（3）根据指示，修改密码（图4-7）。

图4-7 修改密码界面

（4）下载客户端并安装（图4-8）。

图4-8 下载客户端并安装界面

注意：安装时，关闭防火墙和杀毒软件，右键点击 setup，以管理员身份进行安装。

（5）点击"开始学习"，根据提示进行单元安装（图4-9），待安装完毕，点击确定进入仿真实验页面。

图4-9 单元安装界面

注意：进行单元安装前，清空电脑其他没有必要的程序，以免卡顿。

（6）仿真完成后，打印仿真报告，并进行分析。

（7）报告提交方式：打印的仿真报告订在预习报告后面，一起提交。

五、注意事项

（1）本实验要求根据废水水质特点选用两个以上的合理的工艺进行比较。根据比较结果，必须明确得出最优的经济可行的合适工艺，要有结论。

（2）选择的工艺必须具有可行性，运行之后能使水质达标。若氨氮超标，工艺必须能体现脱氮机制；若总磷超标，工艺必须能实现除磷；若废水 COD 浓度过高，需要采用厌氧＋好氧的组合工艺。

（3）选择的工艺必须符合实际，避免选择的工艺过于复杂和成本过高。

（4）处理后的水质必须能达标排放（所有水质指标都必须达标）。如生化处理后必须加上 SS 的处理工艺，否则 SS 会不达标的。

（5）设定的水质指标必须根据废水实际特点确定，如印染废水，必须考虑去除色度和 COD；生活污水需要考虑脱氮除磷等。

六、思考题

（1）依据污水的物理、化学、生物特性，其处理技术的选择方面需要注意哪些因素？

（2）对本次仿真实验，你有何建议？

实验十　曝气充氧实验

一、实验目的

（1）测定曝气设备（扩散器）氧总转移系数 K_{La} 值。

（2）加深理解曝气充氧机理及影响因素。

（3）了解掌握曝气设备清水充氧性能的测定方法，评价氧转移效率 EA 和动力效率 EP。

二、实验原理

根据氧转移基本方程式

$$\frac{\mathrm{d}c}{\mathrm{d}t} = K_{La} \ (Cs - C)$$

积分整理后可得氧总转移系数 K_{La}：

$$K_{La} = \frac{2.303\left[I_g(C_s - C_0) - I_g(C_s - C_t)\right]}{t}$$

曝气是人为通过一些设备加速向水中传递氧的过程。常用曝气设备分为机械曝气与鼓风曝气两大类。无论哪种曝气设备，其充氧过程均属传质过程，氧传递机理为双膜理论。实验是采用非稳态测试方法，即注满所需水后，将待曝气之水以亚硫酸钠为脱氧剂、氯化钴为催化剂脱氧至 0 后开始曝气；液体中溶解氧浓度逐渐提高，液体中溶解氧的浓度 C 是时间 t 的函数，曝气后每隔一定时间 t 取曝气水样，测定水中的溶解氧浓度，从而利用上式计算 K_{La}，以 C_s 纵坐标，以时间 t 为横坐标，如下式所示：

$$I_g\left(\frac{C_S - C_0}{C_S - C_t}\right) = \frac{K_{La}}{2.303} \cdot t$$

在半对数坐标纸上绘图，所得直线斜率为 $K_{La}/2.303$。

曝气充氧装置如图 4-10 所示。

三、实验设备及用具

（1）曝气筒直径为 12 cm，高为 2 m。

（2）扩散器（穿孔管、扩散板）。

（3）转子流量计。

（4）秒表、压力表。

（5）空压机、储气罐。

（6）溶解氧测定仪。

（7）碘量法测溶解氧的设备，天平、溶解氧瓶、滴定管、各种药品等。

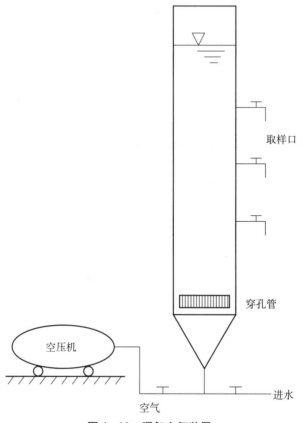

图 4-10　曝气充氧装置

四、实验方法

（1）计算投药量。

脱氧剂采用结晶亚硫酸钠：

$$2Na_2SO_3 \cdot 7H_2O + O_2 \rightarrow 2Na_2SO_4 + H_2O$$

$$\frac{O_2}{2Na_2SO_3 \cdot 7H_2O} = \frac{32}{504} = \frac{1}{15.8}$$

$$投药量 = 1.5 \times 1.58 （g）$$

式中，1.5 为安全系数。本实验投药量为 1.5～2.5 g 结晶亚硫酸钠。将所称药剂用温水溶解、待用。

（2）关闭所有开关，向曝气池内注入清水（自来水）至 1.9 m 水位。

（3）将用温水溶解的药由筒顶倒入，使其混合反应 10 min 后取水样测溶解氧（DO）。

（4）当水样脱氧至 0 后，开始正常曝气，曝气后第 1、5、10、15、20、25、30、40、50、60 min 取样现场测定 DO 值，直至 DO 为 95% 的饱和值为止（曝气量为 0.2 ~ 0.3 m³/h）。

（5）同时计量空气流量（务必稳定）、温度、压力、水温等。

（6）水样的采集，用碘量法测定溶解氧。水样需采集到溶解氧瓶中。采集水样时，要注意不使水样曝气或有气泡残存在采样瓶中，可用水样冲洗溶解氧瓶后，沿瓶壁直接倾注水样或用虹吸法将细管插入溶解氧瓶底部，注入水样至溢流到瓶容积的 1/3 ~ 1/2。

（7）用溶解氧仪测定溶解氧（DO）。

五、实验结果与分析

（1）数据记录。

数据记录如表 4 - 10、表 4 - 11 所示。

表 4 - 10　曝气充氧记录 1

扩散器型式	曝气筒直径/m	水深/m	水温/℃	气量/(m³·h⁻¹)	气温/℃	气压/mmHg
孔板						

表 4 - 11　曝气充氧记录 2

瓶号						
t/min						
溶解氧/(mg·L⁻¹)						

（2）计算在单位时间、向单位曝气液体中所充入的氧量为

$$K_{La20} = \frac{K_{La}}{1.024^{T-20}} \qquad （单位：1/h）$$

计算氧转移效率：

$$E_A = \frac{R_0}{S} \times 100\%$$

$$R_0 = K_{La}^{20} \cdot (C_S - C_0) \cdot V$$

20℃时的供氧量为

$$S = 21\% \times 1.33Q_{20} = 0.28Q_{20} = 0.28Q_{20} \times 10^6 \qquad （mg/L）$$

$$Q_{20} = \frac{\dfrac{Q_t}{P_0 T}}{P_0 T_0} \approx Q_t$$

式中，Q_{20} 为20℃时空气量，m^3/h；Q_t 为转子流量计上读数，m^3/h；P_0 为标准状态时空气压力，1 atm；T_0 为标准状态时空气绝对温度：273.15 K（0 ℃）；P 为实验条件下空气压力；T 为实验条件下空气的绝对温度。

六、思考题

（1）简述曝气在活性污泥生物处理法中的作用。
（2）简述曝气充氧原理及影响氧转移的因素。
（3）氧总转移系数 KLa 的意义是什么？

实验十一　完全混合式活性污泥法处理系统的观测和控制运行实验

一、实验目的

（1）通过观察完全混合式活性污泥法处理系统的运行，加深对该处理系统的特点和运行规律的认识。

（2）通过对模型实验系统的调试和控制，初步培养进行小型模拟实验的基本技能。

（3）熟悉和了解活性污泥法处理系统的控制方程，进一步理解污泥负荷、污泥龄、溶解氧浓度等控制参数及在实际运行中的作用和意义。

二、实验原理

活性污泥法是污水处理的是主要的方法之一。从国内对污水处理的现状来看，95%以上的城市污水和几乎所有的有机工业废水都采用活性污泥法来处理。因此，了解和掌握活性污泥处理系统的特点和运行规律以及实验方法是很重要的。活性污泥处理系统的流程如图4-11所示，本实验的完全混合层模型如图4-12所示。对于特定的处理系统，在一定的环境条件下，运行的控制因素有污泥负荷、污水停留时间、曝气池中溶解氧浓度（可用气水比来控制）、污泥排放量等，这些参数也是设计污水处理厂的重要参考资料。

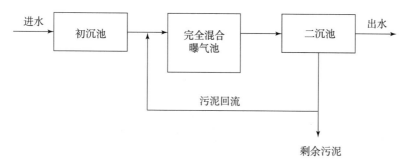

图4-11 活性污泥法基本流程

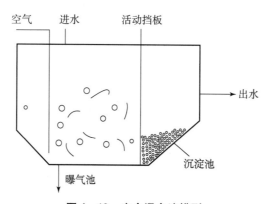

图4-12 完全混合法模型

在活性污泥小型实验的运行中，必须严格控制以下几个参数：

（1）COD—污泥负荷 Ns：

$$Ns = [kg_{COD}/(kg_{MLSS} \cdot d^{-1})]$$

式中，COD 是化学需氧量；MLSS 是混合液悬浮固体浓度；d 为时间，天。

（2）曝气池时间 t：

$$t = \frac{V}{Q}$$

式中，V 为曝气池的容积；Q 为污水流量。t 的单位为 h，小时。

（3）污泥龄或生物固体平均停留时间 θ_c：

$$\theta_c = \frac{xV}{Q_m X_m + (Q - Q_m)X_e} \approx \frac{xV}{Q_m X_m}$$

式中，Q 为污水流量；L_a 为进水有机物（COD）浓度；V 为曝气池容积；x 为混合液（即活性污泥）浓度；Q_v 为每天排放的污泥量；X_e 为排放的污泥浓度；X_e 为随出水流失的污泥浓度。

三、实验设备及用具

（1）活性污泥处理小型设备，采用合建式曝气池系统，材料为有机玻璃。

（2）供气系统：空压机、储气罐、减压阀、转子流量计、输送管路。

（3）配水系统：集水池、配水箱、小型泵、配水管、排水管。

（4）温度控制仪、加热器。

（5）溶解氧测定仪。

四、实验方法

（1）活性污泥的培养和驯化，可以采用生产和人工配制的合成污水先进行闷曝，然后采用连续培养驯化，有条件的可以从正在运行的活性污泥法处理厂引种。

（2）每套试验装置的污泥浓度或进水流量可以控制在不同的范围。以上工作由指导教师来完成。

（3）认真观察曝气池中气和水混合、二沉池中的絮凝沉淀以及污泥从二沉池向曝气池回流等情况。

（4）若曝气池中的气和水液混合不充分，可通过流量计加大曝气量；若二沉池中的沉淀状态不佳，可以通过调节回流污泥的挡板来减小回流污泥量；若回流液污泥不畅，则可提高挡板来增大回流缝的高度。

（5）进行如下项目的测定并记录：

①进水流量，可用容积层计量。

②进出水的 COD（或 BOD）浓度，出水的悬浮物（SS）浓度。

③曝气池的混合液浓度。

④曝气池内的溶解氧浓度。

⑤每日排放的污泥浓度和污泥流量。

⑥对实验模型系统进行控制。（每套系统的具体控制数值由教师定。）

a. 溶解氧控制 DO 为 $1.0 \sim 2.5$ mg/L。

b. COD—污泥负荷 Ns $= 0.1 \sim 0.4$ $kg_{COD}/(kg_{MLSS} \cdot d^{-1})$。

b. 污泥龄 $\theta_c = 2 \sim 10d$。

⑦仍继续观察曝气池和二沉池的运行情况，其中包括曝气池的混合状态。二沉池的沉淀污泥的絮凝和沉淀情况，回流污泥是否畅通，发现问题时要进行调节和控制。

五、注意事项

（1）由于实验模型设备规模小，必须准确地测定流量、容积等数据，以免引起较大的误差。

（2）防止进水管路和空气管路的堵塞，注意调节回流污泥挡板，时刻保证污泥回流畅通。

（3）排放的污泥量可用容积层计，其浓度则要在排放完毕后搅拌均匀后再测定。

（4）正确使用和掌握溶解氧测定仪和其他仪器。

六、实验结果与分析

根据实验中测定的结果，计算在一定条件下（污泥负荷、污泥法龄及溶解氧浓度等）的 COD 去除率。

七、思考题

（1）通过本实验系统的观测和控制，阐述完全混合式活性污泥法的优缺点。

（2）控制曝气池中的溶解氧浓度对处理系统的运行有何影响？

（3）控制 COD—污泥负荷对处理系统的运行有何影响？

实验十二　废水特性分析实验

一、实验目的

综合运用基本的理论知识和实验技能，模拟工程项目的过程和要求，培养解决实际问题的能力。

二、实验内容

通过测定废水中污染物的含量和存在形态，分析监测结果，明确废水中重点污染物，作出具有合理性和实用性的废水特性评价；比较各种处理方案的优劣，预计处理结果。

三、实验原理

废水中污染物的种类繁多、成分复杂，而不同的废水处理方法和工艺都具有一定的针对性，应根据废水特性选择技术可靠、经济合理的污水处理工艺。因此，对废水特性进行分析评价，明确废水中的主要污染物对处理方法和工艺的选择是非常重要的。

四、实验方法

（一）选取废水水样

废水水样可以是方便得到的任何废水。推荐使用生活废水或者难处理的工业废水如印染废水等。实验只选定一种废水，同时应保证所有的实验分项都使用完全一样的此种废水。

（二）分析水质指标

根据废水的来源、掌握的知识和了解的科研动态选择合适的水质指标，

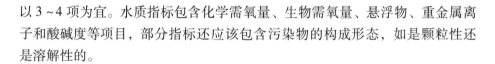

以 3 ~ 4 项为宜。水质指标包含化学需氧量、生物需氧量、悬浮物、重金属离子和酸碱度等项目，部分指标还应该包含污染物的构成形态，如是颗粒性还是溶解性的。

（三）提出处理工艺

根据水质分析结果提出可能的处理工艺，这些工艺应该是成熟和普遍使用的。选择时应该尽可能利用实验室已有的仪器设备，也可以设计制作较为简单的仪器设备。

（四）不同处理工艺的对比

对相同的废水进行不同处理工艺的对比，以实验室规模为研究尺度。选择实验的装置条件和操作条件时，应该充分考虑实验结果的可比性。

五、实验结果与分析

采用水质指标评价和污染物分布评价等进行废水特性评价，给出废水中的污染物浓度以及分布特性，判断出对环境危害较大且需要首要去除的污染物，提出应去除污染物的目标。对比不同处理工艺对目标污染物的去除过程和去除结果。

六、思考题

对污染物的去除效果、耗费的时间和材料、操作的难易程度、过程对环境的影响、最终产物的处置等进行综合考量，提出最为合理可行的处理方案。

实验十三 SBR 法计算机自动控制系统实验

一、实验目的

（1）通过 SBR 法计算机自动控制系统模型实验，了解和掌握 SBR 法计算机自控制系统的构造与原理。

（2）通过模型演示实验，理解和掌握 SBR 法的特征。

二、实验原理

间歇式活性污泥法（简称 SBR 法），又称序批式活性污泥法，是一种不同于传统的连续流活性污泥法的废水活性污泥法处理工艺。SBR 工艺具有工艺简单、所需费用较低等特点。采用该工艺处理城镇污水时，比普通的活性污泥法节省基建费用投资约 30%。而且该工艺布置紧凑，节省占地面积。此外，其理想的推流过程使生化反应推动力大，效率也高；运行方式较灵活，脱氮除磷效果好，可防止污泥膨胀，且耐冲击负荷。

然而 SBR 工艺实际上并不是一种新工艺，而是活性污泥法初创时期充排式反应器的改进与复兴。1914 年英国的阿登（Ardem）和洛克特（Lockett）首创活性污泥法时，采用的就是间歇式。

SBR 工艺具有其他工艺无可比拟的优势。自从 1955 年胡佛（Hoover）与波尔热（Porges）用 SBR 工艺处理牛奶场废水取得成功后，人们逐渐认识到该工艺的巨大潜能，从而拉开了 SBR 复兴的序幕。此后，美国、日本、澳大利亚、荷兰等国相继投入大量的人力物力进行研究，并取得一定的成果。近年来，SBR 工艺也引起了我国水污染治理界的重视。

SBR 工艺作为活性污泥法的一种，其去除有机物的机理与传统的活性污泥法相同，即微生物利用污水中的有机物合成新的细胞物质，并为合成提供所需的能量；同时通过活性污泥的絮凝、吸附、沉淀等过程来实现有机污染物的去除。所不同的只是其运行方式。典型的 SBR 系统包含一座或几座反应池及初沉池等预处理设施和污泥处理设施，反应池兼有调节池和沉淀池的功能。该工艺被称为序批间歇式工艺（图 4 - 13），它有两个含义：①其运行操作在空间上按序排列，是间歇的；②每个 SBR 工艺的运行操作在时间上也是按序进行，并且也是间歇的。

当反应池充水开始曝气后，就进入了反应阶段；待有机物含量达到排放标准或不再降解时，停止曝气。混合液在反应器中处于完全静止状态，进行固液分离。一段时间后，排放上清液，活性污泥留在反应池内，多余的污泥可通过放空管排出。至此，就完成了一个运行周期，反应器又处于准备进行下一周期运行的待机状态。图 4 - 14 为 SBR 系统的基本运行模式。

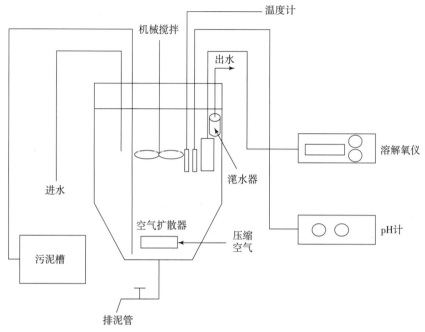

图 4 – 13　SBR 工艺计算机自动控制系统

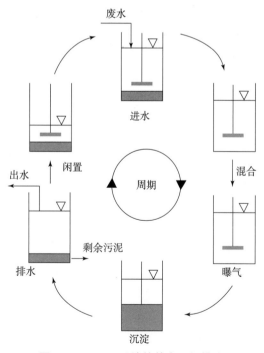

图 4 – 14　SBR 系统的基本运行模式

SBR 系统的运行分 5 个阶段：进水阶段、反应降解阶段、沉淀澄清阶段、排放处理水阶段和待进水阶段。从进水到待进水的整个过程为一个运行周期。在一个运行周期内，底物浓度、污泥浓度、底物的去除率和污泥的增长速率等都随时间不断地变化。因此，间歇式活性污泥法系统属于单一反应器内非稳定状态运行系统。

SBR 系统的组成可以是单池，也可以是多池，主要取决于进水的水质、水量的变化和管理水平等因素。系统的运行可以是单池单独运行，也可以是多池并联或串联运行。其运行可分为 5 个阶段：

（1）进水阶段。进水阶段不仅是水位上升过程，更重要的是在反应器内进行着重要的生化反应。在这期间，根据不同微生物生长的特点，可以采用曝气或厌氧搅拌或二者轮换的方式运行。到底采用哪一种方式或组合方式运行，要根据处理的目的来决定。

（2）反应降解阶段。当反应器充水至设计水位后，污水不再流入反应器内，曝气或厌氧搅拌成为该阶段的主要运行方式。其间，曝气一方面可以降解污水中生物需氧量，另一方面可以进行硝化反应，作为生物脱氮的前提。如果曝气之后立即进行厌氧搅拌，则可完成反硝化过程，从而完成脱氮的全过程。有时在这一阶段排放一部分剩余污泥。

（3）沉淀澄清阶段。反应降解结束后，反应器内不再曝气或搅拌，系统进入沉淀澄清阶段。由于在静止的条件下进行絮凝和沉淀，有较理想的澄清与浓缩污泥的效果。

（4）排放处理水阶段。经过沉淀澄清净化的上清液，由排水阀排出池外直到设计的最低液位。有时随后排出部分剩余污泥。

（5）待进水阶段。

三、实验方法

（1）开启水泵，将原水送入反应器，直到达到所要求的最高水位。该水位可由水位继电器的触杆 2 来控制。上升触杆 2，反应器内的最高水位上升，反之亦然。

（2）水泵关闭，气阀打开，储气罐内的压缩空气进入反应器，开始曝气，此即反应降解阶段。当然，也可以在开启水泵的同时打开气阀。

（3）经过一段时间的曝气后，关闭气阀，使反应器内的混合液静置。曝气时间的长短可以自由设定，当然也可以由其他的运行参数来控制。例如，

当溶解氧达到某一数值认为反应可以结束时，即可关闭气阀。

（4）静置一段时间后（静置时间可任意设定，其目的是使混合液中的污泥充分沉淀），打开阀 I，，使排水管中充满上清液，排水管的进水管没于水面下。

（5）关闭阀 I，打开阀 II，排水至最低水位。

（6）关闭阀 II。

至此 SBR 工艺的一个运行周期结束，进入下一周期的准备状态。

①COD—污泥负荷 $Ns = 0.1 \sim 0.4 \; kg_{COD}/(kg_{MLSS} \cdot d^{-1})$。

②污泥龄 $\theta_c = 2 \sim 10 \; d$。

（7）然后仍继续观察曝气池和二沉池的运行情况，其中包括曝气池的混合状态，二沉池的沉淀污泥的絮凝和沉淀情况，回流污泥是否畅通，发现问题时要进行调节和控制。

四、注意事项

（1）由于实验模型设备规模小，必须准确地测定流量、容积等数据，以免引起较大的误差。

（2）防止进水管路和空气管路的堵塞，注意调节回流污泥挡板，时刻保证污泥回流畅通。

（3）排放的污泥量可用容积法计，其浓度则要在排放完毕后搅拌均匀再测定。

（4）正确使用和掌握溶解氧测定仪和其他仪器。

五、实验结果与分析

根据实验中测定的结果，计算在一定条件下（污泥负荷、污泥龄及溶解氧浓度等）的 COD 去除率。

六、思考题

（1）通过本实验系统的观测和控制，阐述完全混合式活性污泥法的优缺点。

（2）控制曝气池中的溶解氧浓度对处理系统的运行有何影响？

（3）控制 COD—污泥负荷对处理系统的运行有何影响？

第五章　废气处理

实验十四　气态污染物净化实验
——活性炭吸附气体中的 VOCs 实验

一、实验目的

活性炭吸附广泛应用于防止大气污染、水质污染或有毒气体净化领域。用吸附法净化挥发性有机物（VOCs）废气是一种简便、有效的方法。通过吸附剂的物理吸附性能和大的比表面将废气中的污染气体分子吸附在吸附剂上；经过一段时间，吸附达到饱和，然后使吸附质解吸下来，达到净化的目的，吸附剂解吸后重复使用。

本实验采用吸收塔吸附器，用活性炭作为吸附剂，吸附净化低浓度为 $1\,000\sim3\,000$ mg/m^3 的模拟尾气，得出吸附净化效率。本实验应达到以下目的：

（1）深入理解吸附法净化有毒废气的原理和特点。

（2）了解活性炭吸附剂在尾气净化方面的性能和作用。

（3）掌握活性炭吸附、解吸、样品分析和数据处理的技术。

二、实验原理

活性炭是基于其较大的比表面（可高达 $1\,000$ m^2/g）和较高的物理吸附性能吸附气体中的 VOCs。活性炭吸附 VOCs 是可逆过程，在一定的温度和压力下达到吸附平衡，而在高温、减压下被吸附的 VOCs 又被解吸出来，活性炭得到再生。

在工业应用中，由于活性炭填充层的操作条件依活性炭的种类，特别是吸附细孔的比表面、孔径分布以及填充高度、装填方法、原气条件的不同而异。所以通过实验应该明确吸附净化尾气系统的影响因素较多，操作条件是否合适直接关系到方法的技术经济性。

三、实验设备及用具

（一）处理对象

本实验流程处理对象为典型挥发性有机物（VOCs）如乙醇等有机气体。

（二）主要实验仪器

（1）VOCs 发生装置一套。
（2）乙醇检测仪一套。
（3）活性炭吸收塔一套。

四、实验方法

（1）打开风机，给活性炭吸收塔以一定开度。
（2）打开 VOCs 气体发生装置（本实验为空气压缩机吹脱无水乙醇以产生 VOCs）。
（3）采用乙醇检测仪在采样口进行实时测样，约 10 min 在采样口各测一次，共取 5 个样，并记录好测量数据。
（4）数据处理，并计算 VOCs 的去除效率 R。

$$R = \frac{C_0 - C_t}{C_0} \times 100\%$$

五、实验结果与分析

调节实验过程参数如 VOCs 进气浓度等，获得不同条件下 VOCs 的去除率，并分析和总结有效去除 VOCs 的主控因素。

六、思考题

（1）活性炭吸附能力随时间的增加吸附净化效率逐渐降低，试从吸附原理出发分析活性炭的吸附容量及操作时间。

（2）随吸附的温度的变化，吸附量也发生变化，根据等温吸附原理简单分析吸附温度对吸附效率的影响，解释吸附过程的理论依据。

实验十五　吸收法净化气体中的二氧化硫实验

一、实验目的

本实验采用填料吸收塔，分别用清水和5%的氢氧化钠（NaOH）或碳酸钠（Na_2CO_3）溶液吸收二氧化硫（SO_2）。

（1）通过实验，可初步了解用填料塔吸收净化有害气体的实验研究方法，同时有助于加深理解物理吸收和化学吸收过程的基本原理以及填料塔内气、液接触状况。

（2）通过本实验，了解用吸收法净化废气中二氧化硫的效果；改变气流速度，观察填料塔内气、液接触状况和液泛现象；掌握填料吸收塔的吸收效率及压降的测定方法；加深对物理吸收体系（清水吸收）与化学吸收体系（碱液吸收二氧化硫）的区别的印象。

二、实验原理

含有二氧化硫的气体可通过吸收法净化。由于二氧化硫在水中溶解度不高，常采用化学吸收方法。本实验进行物理吸收和化学吸收性能的比较。化学吸收的吸收剂种类较多，本实验采用氢氧化钠或碳酸钠溶液作为吸收剂，吸收过程的主要化学反应如下：

$$2NaOH + SO_2 \rightarrow Na_2SO_3 + H_2O$$
$$Na_2CO_3 + SO_2 \rightarrow Na_2SO_3 + CO_2$$
$$Na_2SO_3 + SO_2 + H_2O \rightarrow 2NaHSO_3$$

实验过程中通过测定填料吸收塔进、出口气体中二氧化硫的含量,可近似计算出吸收塔的平均净化效率,进而了解吸收效果。实验中通过测定填料塔进/出口气体的全压,可计算出填料塔的压降:若填料塔的进/出口管径相等,用 U 形管压方计测出其静压即可求出压降。通过对比清水吸收和碱液吸收二氧化硫,可实验测出体积吸收系数并认识物理吸收与化学吸收的差异。

三、实验设备及用具

(一) 实验装置及基本流程

1. 实验装置

二氧化硫吸收实验装置如图 5 - 1 所示。

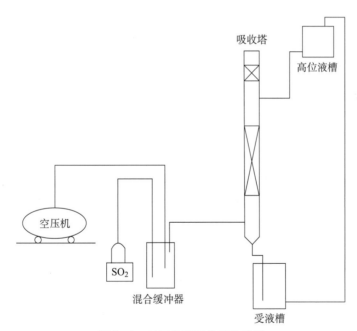

图 5 - 1 二氧化硫吸收实验装置

2. 基本流程

吸收液经泵提升后通过转子流量计,由填料塔上部经喷淋装置进入塔内,流经填料表面,由塔下部排出,回到液体槽或排放。空气从涡轮气泵输出后,进入混合缓冲器,并与二氧化硫气体相混合,配制成一定浓度的混合气。二氧化硫来自钢瓶，并经毛细管流量计计量后进入混合缓冲器。含二氧化硫的空气通过转子流量计后从塔底进气口进入填料塔内，通过填料层后，尾气由塔顶排出。

（二）实验仪器设备

（1）空气压缩机 1 台：压力 7 kg/cm^2，气量 3.6 m^3/h。

（2）液体二氧化硫钢瓶 1 瓶。

（3）填料塔 1 套：直径 25 mm，高 650 mm。

（4）泵 1 台：扬程 1 m，流量 100 L/h。

（5）转子流量计（气体）6~600 mL/Hlzb-5，1 个。

（6）转子流量计（气体）10~1 000 mL/Hlzb-10，1 个。

（7）温度计（0 ℃~100 ℃）2 支。

（8）玻璃筛板吸收瓶，125 mL，20 个。

（9）便携式二氧化硫检测仪 1 台。

（三）试剂

（1）碘储备液（碘标准溶液 = 0.05 mol/L）：称取 12.7 g 碘放入烧杯中，加入 40 g 碘化钾，加入 25 mL 水，搅拌至全部溶解后，用水稀释至 1 L，储存于棕色试剂瓶中。

（2）碘储备液（碘标准溶液 = 0.005 mol/L）：准确吸取 100 mL 碘储备液于 1 000 mL 容量瓶中，用水稀释至标线，储存于棕色试剂瓶中。

（3）淀粉指示剂：取 0.20 g 可溶性淀粉，用少量水调成糊状，倒入 100 mL 煮沸的饱和氯化钠溶液中，继续煮沸至溶液澄清。

（4）吸收剂：5%浓度的氢氧化钠、碳酸钠、氢氧化钙溶液。

四、实验方法

（1）按图 5-1 正确连接实验装置，并检查系统是否漏气（通过系统增压和肥皂水检漏）。关严吸收塔的进气阀，打开缓冲罐上的放空阀，并在高位液槽中注入配制好的 5%浓度的吸收剂。

（2）在玻璃筛板吸收瓶内注入 50 mL 去离子水，5 mL 淀粉溶液，根据二氧化硫浓度加入定量碘溶液。

（3）打开吸收塔的进液阀，并调节液体流量，使液体均匀喷布，并沿填料塔表面缓慢流下，以充分润湿填料表面。当液体由塔底流出后，将液体流量调至 5 L/h 左右。

（4）开启空气压缩机，逐渐关小放空阀，并逐渐打开吸收塔的进气阀。调节空气流量，使塔内出现泛液。仔细观察此时的气液接触状况，并记录下液泛时的气流速度（由空气流量计算）。

（5）逐渐减小气体流量，消除液泛现象。调节气流量计到液泛流速的70%，稳定运行 5 min 后，取样分析二氧化硫浓度。

（6）调节液体流量，稳定运行 5 min，取样分析。

（7）改变液体吸收剂，重复以上实验。

（8）改变气体二氧化硫浓度，重复以上实验。

（9）实验完毕后，先关掉二氧化硫气瓶，待 1~2 min 后再停止供液，最后停止鼓入空气。

（10）采用清水（自来水）进行清洗，待流出液 pH 值基本接近中性时，开启二氧化硫气瓶并调节其流量，使空气中二氧化硫的含量为 0.1%~0.5%（体积分数）。

五、实验结果与分析

（1）分析方法。

原理：二氧化硫被水吸收后，生成亚硫酸，与溶液中的碘反应，生成碘化氢和硫酸，当溶液中的碘完全反应后，溶液蓝色恰好消失。

取样时，将吸收瓶上相连的接口与取样口连接，采样直至溶液中蓝色消失为止。

（2）计算二氧化硫浓度：

$$二氧化硫浓度 = \frac{A_0 C_{碘} \times 64}{Vs} \times 1\,000\ (mg/m^3)$$

式中，A_0 为碘溶液的体积，mL；C 碘为碘溶液物质的量浓度，mol/L；64 为 1 L 1 mol/L 碘溶液相当的二氧化硫（1/2 SO_2）的质量，g；Vs 为标准状态下的采用体积，L。

六、实验结果讨论

（1）填料塔的平均净化效率 η 可由以下近似式求出：

$$\eta = \left(1 - \frac{c_2}{c_1}\right) \times 100\%$$

式中，C_1 为填料进口处二氧化硫浓度，mg/m^3；C_2 为填料出口处二氧化硫浓度，mg/m^3。

实验数据记入表 5 – 1 中。

表 5 – 1　实验记录及计算表

序号	气体流量 /(L·h⁻¹)	$C_{进口}$ /(mg·m⁻³)	$C_{出口}$ /(mg·m⁻³)	净化效率 η /%
1				
2				
3				
4				

七、思考题

（1）从该实验结果可以得出哪些结论？

（2）通过实验，有什么体会？对实验有何改进意见？

实验十六　旋风除尘器性能测定实验

一、实验目的

（1）通过实验掌握旋风除尘器测定的主要内容和方法，并对影响旋风除尘器性能的主要因素有较全面的了解。

（2）掌握旋风除尘器进口风速与阻力的关系，理解全效率、分级效率之间的关系以及进口浓度对除尘器除尘效率的影响。

（3）通过对分级效率的测定与计算，进一步了解粉尘粒径大小等因素对旋风除尘器效率的影响，熟悉除尘器的应用条件。

二、实验原理

（一）采样位置的选择

正确地选择采样位置和确定采样点的数目对采集有代表性的并符合测定

要求的样品是非常重要的。采样位置应取气流平稳的管段，原则上避免弯头部分和断面形状急剧变化的部分，其距离至少是烟道直径的 1.5 倍，同时要求烟道中气流速度在 5 m/s 以上。采样孔和采样点的位置主要根据烟道的大小及断面的形状而定。下面说明不同形状烟道采样点的布置。

1. 圆形烟道

圆形烟道采样点分布如图 5 – 2（a）所示。将烟道的断面划分为适当数目的等面积同心圆环，各采样点均在等面积的中心在线，所分的等面积圆环数由烟道的直径大小而定。

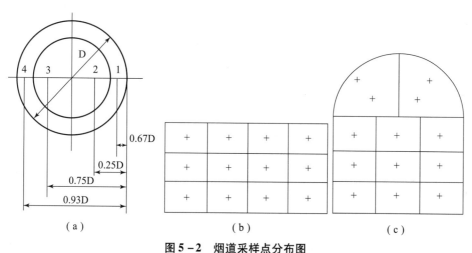

图 5 – 2　烟道采样点分布图
（a）圆形烟道；（b）矩形烟道；（c）拱形烟道

2. 矩形烟道

将烟道断面分为等面积的矩形小块，各块中心即采样点，如图 5 – 2（b）所示。不同面积矩形烟道等面积小块数如表 5 – 2 所示。

表 5 – 2　矩形烟道的分块和测点数

烟道断面面积/m²	等面积分块数	测点数
<1	2×2	4
1~4	3×3	9
4~9	4×3	12

3. 拱形烟道

分别按圆形烟道和矩形烟道采样点布置原则,如图 5 - 2 (c) 所示。

(二) 空气状态参数的测定

旋风除尘器的性能通常是以标准状态 ($P = 1.013 \times 10^5$ Pa,$T = 273$ K) 来表示的。空气状态参数决定了空气所处的状态,因此可以通过测定烟气状态参数,将实际运行状态的空气换算成标准状态的空气,以便互相比较。

烟气状态参数包括空气的温度、密度、相对湿度和大气压力。

烟气的温度和相对湿度可用干湿球温度计直接测定;大气压力由大气压力计测得;干烟气密度由下式计算:

$$\rho_g = \frac{P}{R \cdot T} = \frac{P}{287 \cdot T} \tag{5 - 1}$$

式中,ρ_g 为烟气密度,kg/m;P 为大气压力,Pa;T 为烟气温度,K。

实验过程中,要求烟气相对湿度不大于 75%。

(三) 除尘器处理风量的测定和计算

1. 烟气进口流速的计算

测量烟气流速的仪器用 S 形毕托管。

S 形毕托管使用于含尘浓度较大的烟道中。毕托管是由两根不锈钢管组成的,测端做成方向相反的两个相互平行的开口,如图 5 - 3 所示。测定时,一个开口面向气流,测得全压;另一个背向气流,测得静压;两者之差便是动压。

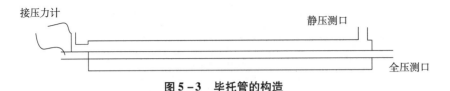

接压力计 静压测口 全压测口

图 5 - 3 毕托管的构造

由于背向气流的开口上吸力影响,所得静压与实际值有一定误差,因此事先要加以校正,方法是与标准风速管在气流速度为 2 ~ 60 m/s 的气流中进行比较。S 形毕托管和标准风速管测得的速度值之比,称为 S 形毕托管的校正系数。当流速在 5 ~ 30 m/s 的范围内,其校正系数值为 0.84。S 形毕托管可在厚壁烟道中使用,且开口较大,不易被尘粒堵住。

当干烟气组分同空气近似，露点温度为 35～55 ℃，烟气绝对压力在 0.99～1.03·10⁵ Pa 时，可用下列公式计算烟气入口流速：

$$V_1 = 2.77K_p \sqrt{T} \sqrt{P} \tag{5-2}$$

式中，K_p 为毕托管的校正系数，$K_p = 0.84$；T 为烟气底部温度，℃；$\sqrt{P}$ 为各动压方根平均值，Pa。

各动压方根平均值 $\sqrt{P}$ 为

$$\sqrt{P} = \frac{\sqrt{P_1} + \sqrt{P_2} + \cdots + \sqrt{P_1}}{n} \tag{5-3}$$

式中，P_n 为任一点的动压值，Pa；N 为动压的测点数，本实验取 9。

测压时将 S 形毕托管与倾斜压力计用橡皮管连好，动压测值由水平放置的倾斜压力计读出。

倾斜压力计测得动压值按下式计算：

$$P = L \times K \times \upsilon \tag{5-4}$$

式中，L 为斜管压力计读数；K 为斜度修正系数，在斜管压力标出，0.2，0.3，0.4，0.6，0.8；υ 为酒精比重，$u = 0.81$。

2. 除尘器处理风量计算

处理风量 Q 为

$$Q = F_1 \times \upsilon_1 \tag{5-5}$$

式中，υ_1 为烟气进口流速，m/s；F_1 为烟气管道截面积，m²。

3. 除尘器入口流速计算

入口流速 υ_2 为

$$\upsilon_2 = Q/F_2 \tag{5-6}$$

式中，Q 为处理风量，m³/s；F_2 为除尘器入口面积，m²。

（四）烟气含尘浓度的测定

对污染源排放的烟气颗粒浓度的测定，一般采用从烟道中抽取一定量的含尘烟气，由滤筒收集烟气中颗粒后，根据收集尘粒的质量和抽取烟气的体积求出烟气中尘粒浓度。为取得有代表性的样品，必须进行等动力采样，即指尘粒进入采样嘴的速度等于该点的气流速度，因而要预测烟气流速再换算成实际控制的采样流量。图 5-4 为烟尘采样装置。

（五）除尘器阻力的测定和计算

由于实验装置中除尘器进出口管径相同，故除尘器阻力可用进口、出口

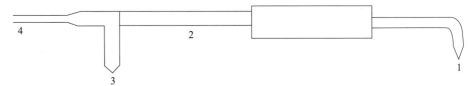

图 5 – 4   烟尘采样装置

1—采样嘴；2—采样管（内装滤筒）；3—手柄；4—橡皮管接尘粒采样仪（流量计 + 抽气泵）

（图 5 -5）静压差（扣除管道沿程阻力与局部阻力）求得

$$\Delta P = \Delta H - \sum \Delta h = \Delta H - (Rl \cdot 1 + \Delta P_m) \tag{5 - 7}$$

式中，ΔP 为除尘器阻力，Pa；ΔH 为前后测量断面上的静压差，Pa；$\sum \Delta h$ 为测点断面之间系统阻力，Pa；R_L 为比摩阻，Pa/m；l 为管道长度，m；ΔP_m 为异形接头的局部阻力，Pa。

将 ΔP 换算成标准状态下的阻力 ΔP_N：

$$\Delta P_N = \Delta P \cdot \frac{T}{T_N} \cdot \frac{P_N}{P} \tag{5 - 8}$$

式中，T_N 和 T 分别为标准和试验状态下的空气温度，K；P_N 和 P 分别为标准和试验状态下的空气压力，Pa。

除尘器阻力系数按下式计算：

$$\xi = \frac{\Delta P_N}{P_{dl}} \tag{5 - 9}$$

式中，ξ 为除尘器阻力系数，无因次；ΔP_N 为除尘器阻力，Pa；P_{dl} 为除尘器内人口截面处动压，Pa。

（六）除尘器进口、出口气体含尘浓度计算

除尘器进口气体含尘浓度 G_j、出口含尘浓度 C_z 为

$$C_j = \frac{G_j}{Q_j \cdot \tau} \tag{5 - 10}$$

$$C_z = \frac{G_j - G_s}{Q_z \tau} \tag{5 - 11}$$

式中，C_j 和 C_z 分别为除尘器进口、出口的气体含尘浓度，g/m³；G_j 和 G_s 分别为发尘量与除尘量，g；Q_j 和 Q_z 分别为除尘器进口、出口烟气量，m³/s；τ 为发尘时间，s。

（七）除尘效率计算

除尘效率 η 为

$$\eta = \frac{G_S}{Q_j} \times 100\% \tag{5-12}$$

式中，η 为除尘效率，%；G_S 为除尘量；Q_j 为除尘器进口烟气量。

（八）分级效率计算

$$\eta_i = \eta \frac{g_{si}}{g_{ji}} \times 100\% \tag{5-13}$$

式中，η_i 为粉尘某一粒径范围的分级效率，%；g_{si} 为收尘中某一粒径范围的质量百分数，%；g_{ji} 为发尘中某一粒径范围的质量百分数，%；

三、实验设备及用具

（一）实验装置和流程

本实验装置如图 5-5 所示。含尘气体通过旋风除尘器将粉尘从气体中分离，净化后的气体由风机经过排气管排入大气。所需含尘气体浓度由发尘装置配置。

图 5-5 旋风除尘器实验装置

（二）仪器

（1）风速测定仪 1 台。

（2）毕托管 2 支。

（3）烟尘采样管 2 支。

（4）烟尘浓度测试仪 2 台。

（5）干湿球温度计 1 支。

（6）空盒气压计（DYM － 3 型）1 台。

（7）分析天平分度值（0.000 1 g）1 台。

（8）托盘天平分度值（1 g）1 台。

（9）秒表 2 块。

（10）钢卷尺 2 个。

四、实验方法

（一）除尘器处理风量的测定

（1）测定室内空气干/湿球温度和相对湿度及空气压力，按式（5 － 1）计算管内的干烟气密度。

（2）启动风机，在进口管道断面，利用毕托管测定该断面的静压和动压，并从倾斜微压计中读出静压值（Ps），按式（5 － 5）计算管内的气体流量（即除尘器的处理风量），并计算断面的平均动压值（P_d）。（由于本实验中仪器无开口，此处可不测）

（二）除尘器阻力的测定

（1）用 U 形压差计测量 B、C 断面间的静压差（ΔH）。

（2）量出 B、C 断面间的直管长度（l）和异形接头的尺寸，求出 B、C 断面间的沿程阻力和局部阻力.

（3）按式（5 － 7）、式（5 － 8）计算除尘器的阻力。

（三）除尘效率的测定

滤筒的预处理。测试前先将滤筒编号，然后在 105 ℃烘箱中烘 2 h，取出后置于干燥器内冷却 20 min，再用分析天平测得初重并记录。

　　把预先干燥、恒重、编号的滤筒用镊子小心装在采样管的采样头内，再把选定好的采样嘴装到采样头上。

　　调节流量计使其流量为某采样点的控制流量，将采样管插入采样孔，找准采样点位置，使采样嘴背对气流预热 10 min 后转动 180°，即采样嘴正对气流方向，同时打开抽气泵的开关进行采样。按各点的流量和采样时间逐点采集尘样。

　　各点采样完毕后，关掉仪器开关，抽出采样管，待温度降下后，小心取出滤筒保存好。

　　采尘后的滤筒称重。将采集尘样的滤筒放在 105 ℃烘箱中烘 2 h，取出置于玻璃干燥器内冷却 20 min 后，用分析天平称重。将结果记录在表 5 – 3 中。

　　（1）用托盘天平称出发尘量（G_j）。

　　（2）通过发尘装置均匀地加入发尘量（G_j），记下发尘时间（τ），按式（5 – 10）计算出除尘器入口气体的含尘浓度（C_j）。

　　（3）称出收尘量（G_s），按式（5 – 11）计算出除尘器出口气体的含尘浓度（Cz）。

　　（4）按式（5 – 12）计算除尘效率（η）。

（四）重复实验步骤

　　改变调节阀开启程度，重复以上实验步骤，确定除尘器各种不同的工况下的性能。

五、实验记录准备

（一）除尘器处理风量的测定

将测定数据填入以下空格处。

实验时间：　　年　　月　　日

空气干球温度（t_d）:℃；

空气湿球温度（t_w）:℃；

空气相对湿度（中）:％；

空气压力（P）: Pa；

空气密度（Pg）: kg/m³。

将测定结果整理后记入表 5 – 3 中。

表5-3　除尘器处理风量测定结果记录表

测定次数	微压计读数			微压计倾斜角系数	静压/Pa	流量系数	管内流速/(m·s⁻¹)	风管横截面积 m²	风量/(m³·s⁻¹)	除尘器进口面积 m²
	初读	终读	实际							
1										
2										
3										

（二）除尘器阻力的测定记录

将测定结果整理后记入表5-4中。

表5-4　除尘器阻力测定结果记录表

测定次数	微压计读数			微压计倾斜角系数	进口、出口断面的静压差/Pa	比摩阻	直管长度/m	管内平均动压/Pa	管间的总阻力系数	管间的局部阻力/Pa	除尘器阻力/Pa	除尘器在标准状态下的阻力/Pa	除尘器进口界面处的动压/Pa
	初读	终读	实际										
1													
2													
3													

（三）除尘器效率的测定记录

将测定结果记入表5-5中。

表5-5　除尘器效率测定结果记录表

测定次数	发尘量/g	发生时间/s	除尘器进口气体含尘浓度/(g·m⁻³)	收尘量/(g·m⁻³)	除尘器出口气体含尘浓度/(g·m⁻³)	除尘器全效率/%
1						
2						
3						
4						

以除尘器进口气速为横坐标，除尘器全效率为纵坐标；以除尘器进口气速为横坐标，除尘器在标准状态下的阻力为纵坐标，将上述实验结果标绘成曲线。

六、实验方法

（1）仔细阅读毕托管测速仪和烟尘采样器的使用说明书，掌握使用方法和测量原理。

（2）参考实验指导书，对比现场装置，了解实验装置的结构、工作原理、各测点的位置及作用。

（3）接通电源，启动风机，待运行稳定后由进口阀门调节风量。

（4）观察发尘器内粉尘数量，根据数量多少做适当添补，直到看到明显的外涡旋。

（5）风量由小到大确定工况点，推荐 6～10 个工况点。

（6）确定工况点后，开始测量。测量顺序为：测风速→测除尘器压力损失→测除尘器除尘效率。

（7）重复上述过程，依次做 6～10 工况点，详细记录数据。

（8）烟尘采样器滤膜处理同实验粉尘采样实验。

七、实验结果与讨论（自行设计表格附加页）

（1）计算各工况点对应风量。

（2）计算各工况点对应除尘器压力损失。

（3）计算进出口烟气浓度及其除尘效率。

（4）分析实验中所用到的除尘器在设计方面的不足并提出改进意见。

（5）分析旋风除尘器的设计要点。

（6）分析实际工艺中被捕集颗粒的收集方法及注意事项。

（7）分析数据误差并说明原因。

实验十七　袋式除尘器性能测定实验

一、实验目的

通过本实验，进一步提高对袋式除尘器结构形式和除尘机理的认识；掌握袋式除尘器主要性能指标；了解过滤速度对袋式除尘器压力损失及除尘效率的影响。

二、实验原理

袋式除尘器性能与其结构形式、滤料种类、清灰方式、粉尘特性及运行参数等有关。本实验是在其结构形式、滤料种类、清灰方式和粉尘特性已定的前提下，测定袋式除尘器主要性能指标，并在此基础上，测定运行参数 Q、v_F 对袋式除尘器压力损失（ΔP）和除尘效率（η）的影响。

（一）处理气体流量和过滤速度的测定和计算

1. 处理气体流量的测定和计算

（1）动压法测定：测定袋式除尘器处理气体流量（Q），应同时测出除尘器进口、出口连接管道中的气体流量，取其平均值作为除尘器的处理气体量：

$$Q = \frac{1}{2}(Q_1 + Q_2) \tag{5-14}$$

式中，Q_1、Q_2 分别为袋式除尘器进口、出口连接管道中的气体流量，m/s。

除尘器漏风率 δ 按下式计算：

$$\delta = \frac{Q_1 - Q_2}{Q_1} \times 100\% \tag{5-15}$$

一般要求除尘器的漏风率 <5%。

（2）过滤速度的计算

若袋式除尘器总过滤面积为 F，则其过滤速度 v_F 按下式计算：

$$V_F = \frac{60Q_1}{F} \tag{5-16}$$

（二）压力损失的测定和计算

袋式除尘器压力损失为除尘器进出口管中气流的平均全压之差。当袋式除尘器进口、出口管道的断面面积相等时，则可采用其进口、出口管中气体的平均静压之差计算，即

$$\Delta P = P_{S1} - P_{S2} \tag{5-17}$$

式中，P_{S1} 为袋式除尘器进口管道中气体的平均静压，Pa；P_{S2} 为袋式除尘器出口管道中气体的平均静压，Pa。

袋式除尘器的压力损失与其清灰方式和清灰制度有关。本实验装置采用手动清灰方式，实验应在固定清灰周期（1~3 min）和清灰时间（0.1~0.2 s）的条件下进行。当采用新滤料时，应预先发尘运行一段时间，使新滤料在反复过滤和清灰过程中，残余粉尘基本达到稳定后再开始实验。

考虑到袋式除尘器在运行过程中，其压力损失随运行时间产生一定变化，因此，在测定压力损失时，应每隔一定时间连续测定（一般可考虑 5 次），并取其平均值作为除尘器的压力损失。

（三）除尘效率的测定和计算

除尘效率采用质量浓度法测定，即采用等速采样法同时测出除尘器进口、出口管道中气流平均含尘浓度 C_1 和 C_2，按下式计算：

$$\eta = \left(1 - \frac{C_2 Q_2}{C_1 Q_1}\right) \times 100\% \qquad (5-18)$$

管道中气体含尘浓度的测定和计算方法详见第五章"袋式除尘器性能测定实验"。由于袋式除尘器除尘效率高，除尘器进口、出口气体含尘浓度相差较大，为保证测定精度，可在除尘器出口采样中，适当加大采样流量。

（四）压力损失、除尘效率与过滤速度关系的分析测定

为了求得除尘器的 $vF-\eta$ 和 $vF-\Delta P$ 的性能曲线，应在除尘器清灰制度和进口气体含尘浓度相同的条件下，测定出除尘器在不同过滤速度下的压力损失和除尘效率。

袋式除尘器的过滤速度一般为 1~2 m/min，可在此范围内确定 3~5 个值进行实验。过滤速度的调整，可通过改变风机进口阀门开度，利用动压法测定。

考虑到实验时间的限制，要求学生 2~3 人为一个小组，每个小组测一个数据，完成一个过滤速度的实验测定，并在实验数据整理中将各小组数据汇总，得到不同过滤速度下的压力损失和除尘效率，进而绘制出实验性能曲线 $vF—\eta$ 和 $vF—\Delta P$。当然，应要求在各组实验中，保持除尘器清灰制度固定，除尘器进口气体含尘浓度（C_1）基本不变。

三、实验设备及用具

（一）实验装置

本实验装置如图 5-6 所示。

图 5 – 6　袋式除尘器实验系统

除尘系统入口的喇叭形均流管和静压测孔用于测定除尘器进口气体流量，也可用于在实验过程中连续测定和检测除尘系统的气体流量。通风机入口前设有阀门，用来调节除尘器处理气体流量和过滤速度。

（二）实验仪器

（1）干湿球温度计 1 支。

（2）空盒式气压表（DYM3 型）1 个。

（3）钢卷尺 2 个。

（4）U 形管压差计 1 个。

（5）倾斜微压计（YYT – 200 型）3 台。

（6）毕托管 2 支。

（7）烟尘采烟管 2 支。

（8）烟尘测试仪 2 台。

（9）秒表 2 个。

（10）分析天平分度值 2 台，分度值为 1/1 000 g。

（12）托盘天平 1 台，分度值为 1g。

（13）干燥器 2 个。

（14）鼓风干燥箱（DF – 206 型）1 台。

（15）超细玻璃纤维无胶滤筒 20 个。

四、实验方法

（1）测量记录室内空气的干球温度（即除尘系统中气体的温度）、湿球温度及相对湿度，计算空气中水蒸气体积分数（即除尘器系统中气体的含湿量）。测量记录当地的大气压力。记录袋式除尘器型号规格、滤料种类、总过滤面积。测量记录除尘器进口、出口测定断面直径和断面面积，确定测定断面分环数和测点数，作好实验准备工作。

（2）将除尘器进口、出口断面的静压测孔与 U 形管压差计连接。

（3）参考实验指导书了解实验装置的结构、工作原理、各测点的位置及作用。

（4）将发尘工具和滤筒的称重准备好。

（5）将毕托管、倾斜压力计准备好，待测流速流量用（毕托管的原理和使用见实验十六）。

（6）清灰。

（7）启动风机和发尘装置，调整好发尘浓度，使实验系统达到稳定。

（8）测量进口、出口流速，测量进口、出口的含尘量，进口采样 1 min，出口采样 5 min。

（9）隔 5 min 后重复上面测量，共测量 3 次。

（10）采样完毕，取出滤筒包好，置入鼓风干燥箱烘干后称重。计算出除尘器进口、出口管道中气体含尘浓度和除尘效率。

（11）实验结束。整理好仪表、设备。计算、整理实验资料，并填写实验报告。

五、实验结果与分析

（一）处理气体流量和过滤速度

记录和整理数据。按式（5 – 14）计算除尘器处理气体量，按式（5 – 15）计算除尘器漏风率，按式（5 – 16）计算除尘器过滤速度。

（二）压力损失

记录整理数据。按式（5 – 17）计算压力损失，并取 5 次测定数据的平均值作为除尘器压力损失。

（三）除尘效率

除尘效率测定数据按记录整理。除尘效率按式（5 – 18）计算。

（四）压力损失、除尘效率与过滤速度的关系

本项是继压力损失、除尘效率和过滤速度测定完成后，整理 5 组不同过滤速度下的压力损力和除尘效率资料，绘制 $v_F – \Delta P$ 和 $v_F – \eta$ 实验性能曲线，并分析过滤速度对袋式除尘器压力损失和除尘效率的影响。

六、思考题

（1）用发尘量求进口含尘浓度和用等速采样法测进口含尘浓度，哪个更准确些？为什么？

（2）测定袋式除尘器压力损失，为什么要固定其清灰制度？为什么要在除尘器稳定运行状态下连续 5 次读数并取其平均值作为除尘器压力损失？

（3）试根据实验性能曲线 $vF – \Delta P$ 和 $vF – \eta$，分析过滤速度对袋式除尘器压力损失和除尘效率的影响。

第六章　声污染源监测

实验十八　工业设备噪声的测量实验

一、实验目的

工业设备噪声是常见的噪声声源。通过本实验了解常见工业设备噪声的特征，尤其是风机类设备噪声的特征；了解工业设备噪声源测定的各类方法，掌握现场简易法的使用和相关标准的测量要求。

二、测量的评价量

本次实验的测量要求是对设备机壳噪声的监测。

根据所监测声源的特点，要求采用平均声压级、A计权声级、倍频程A声级以及C计权声级。

三、工业设备噪声测量

（一）现场简易法

本方法对现场监测较为合适。即在规定的测点上测声源纳入声级，然后经计算得出A声功率级。本法适用于辐射宽带、窄带、离散频率等的稳定噪声源，也适用非稳态噪声源。

1. 测量误差

对于辐射频谱密度均匀的噪声源，其标准偏差 < 4 dB；对于辐射离散频率的声源其标准偏差 > 5 dB。

2. 测试环境

理想的声学环境应是只有地面一个反射面。为宽广的户外场地或符合要求的房间。即 A/S≥1 或环境修正 K_2≤7，所测声源 A 声级与背景差值应 > 3 dB，风速应 < 4 级。

3. 监测仪器

用精密声级计。每次测试前后，需用准确度优于 ±0.5 dB 的声级校准器进行校准。声级计应按《JJG 188—2002 声级计检定规程》定期检定，确保仪器的准确度。

4. 噪声源的监测

（1）半球测试表面。特传声器置于半径为 r，面积为 S 的假想半球表面上，如图 6-1 所示。测点坐标如表 6-1 所示。

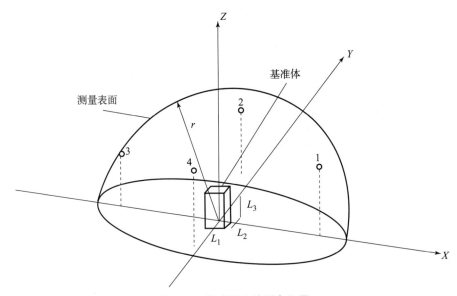

图 6-1 半球面上的测点位置

表 6 - 1　距半球中心距离表示测点的空间坐标

监测点	高度为 $Z = 0.6\,r$ 的测点			在反射面上的测点	
	X/r	Y/r	Z/r	X/r	Y/r
1	0.8	0.0	0.6	1.0	0.0
2	0.0	0.8	0.6	0.0	1.0
3	-0.8	0.0	0.6	-1.0	0.0
4	0.0	-0.8	0.6	0.0	-1.0

半球中心为基准体几何中心在反射面上的投影。半球的半径至少为基准体最大尺寸的 2 倍。

在已确定的 4 个监测点上测量声源的 A 声级，对背景噪声进行修正后，计算表面平均声压级和声功率级。

（2）矩形六面体测试表面，主要测点布置如图 6 - 2 所示。

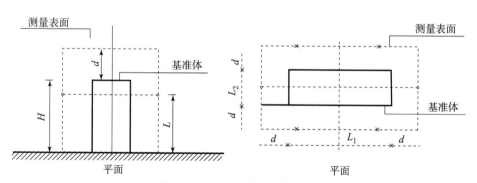

图 6 - 2　矩形六面体的测点布置

在规定的测点上测声源的入声级，经过背景噪声修正后，计算表面平均声压级和 A 声功率级。

（3）计算表面平均声压级和 A 声功率级。

①平均声压级 $\overline{L_{PA}}$ 的计算：

$$\overline{L_{PA}} = 10\lg\left(\frac{1}{N}\sum_{i=1}^{N} 10^{0.1(L_{PAi}-K_{li})}\right)$$

式中，L_{PAi} 为第 i 点测量的 A 声压级（基准值为 20 μPa）；L_{li} 为第 i 点的背景噪声修正值；N 为监测点的总数。

②A 声功率级 L_{wA} 的计算（基准值为 $1p_w$）：

$$L_{wA} = (\overline{L}_{YA} - K_2) + 10\lg\frac{S}{S_0}$$

（二）风机噪声污染源的监测

引风机、鼓风机、通风机等统称为风机。风机是工业噪声声源中常见的一种噪声污染源。

1. 监测的环境

以地面为反射面的半空间自由声场、厂房或经吸声处理的房间。

被测声源噪声比背景噪声的 A 声级或频谱声压级大 3 dB 以上时，背景噪声应按表 6-2 进行修正。

表 6-2　背景噪声修正值

声源开启前后所测声压级的值/dB（A）	3	4~5	6~9	10 以上
声源开启前后所测声压级应修正	-3	-2	-1	0

房外监测时，风速 >4 级时，不适宜进行。微风测试时，传声器应增加防风罩。

2. 监测仪器

一般采用精密声级计和倍频程滤波器及类似的监测仪器。

3. 监测点的设置

对于不同类型的风机，设置不同位置的测点，以通风机的进/排气口为例：

（1）通风机进气口噪声监测点必须选在进气口中心轴线上，测点到进气口中心距离应等于标准长度，如图 6-3 所示。

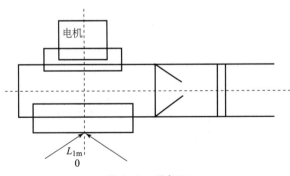

图 6-3　进气口

（2）通风机排气口噪声监测点选在出气口轴线成45°方向，距出气口中心为标准长度的位置上，见图6-4所示。

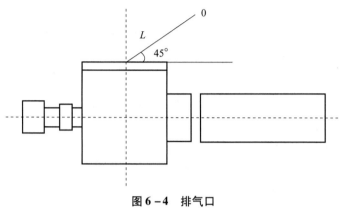

图6-4　排气口

（3）风机机壳噪声监测点：测机壳吸声时，风机进/排气口须加管道，测点应选在风机主轴水平面内经叶轮几何中心的直线上，距机壳表面1 m处，见图6-5所示。

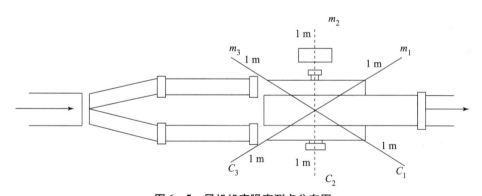

图6-5　风机机壳噪声测点分布图

（4）各类风机主机长度 >2 m 而 <4 m 时，在同一方向取两个监测点。>4 m 而 <6 m 时，取三个监测点，且测点距地面高度均为1 m。（标准长度，若风机叶轮直径 >1 m 时，为叶轮直径，测机壳噪声时，标准长度为1 m。）

4. 监测方法

用精密声级计的快挡测 A 声级及中心频率为 31.5、63、125、250、500、1 000、2 000、4 000、8 000 Hz 的 9 个倍频程的声压级。

（三）压缩机噪声污染源的监测

压缩机的规格和型号较多，现以容积式压缩机的机壳噪声和进/排气口噪声的监测为例。移动式压缩机要求在平坦而坚硬的室外广阔现场进行测试，而固定式压缩机要求在室内具有一个大的反射面自由声场中进行测试。现颁布的为《容积式压缩机噪声测量方法》（J32747—80）。

1. 监测点的设置

压缩机的监测点应在高出地面 1.5 m 并距机壳表面水平方向 1 m 处选取。若机器高度不足 1 m 时。测点高度可降到 1.2 m。

对压缩机进气口噪声源监测时，应将进气管道与机壳进行隔声，监测点应选在管口轴向 45°夹角方向上，距管口中心 0.5 m 处。

用精密声级计的慢挡测 A 声级和 31.5、63、125、250、500、1 000、2 000、4 000、8 000 Hz 9 个倍频程的声压级。对压缩机的工作状态和停止状态分别进行监测，将监测结果按表 6 - 2 进行修正。对于机壳的辐射噪声可按下式计算其平均值 $\bar{L}_A$。

$$\bar{L}_A = 10\lg \frac{1}{n}(10^{0.1l_1} + 10^{0.1l_2} + \cdots\cdots + 10^{0.1l_n})$$

式中，n 为监测点的数目（进口测点不计）；l_1，l_2，l_3，$\cdots$，l_n 为各监测点的声级或频程的声压级。

2. 监测结果的记录

将监测数据记录在表 6 - 3 中。

四、实验结果与分析

根据表 6 - 3 中的原始记录，按照有关标准中的计算要求，计算出风机（压缩机）的平均声压级，并绘制有关的声压级频谱图。

表 6 - 3　风机（压缩机）噪声监测记录及报告

风机/压缩机			技术参数			电机、驱动机器		
型号	制造厂	编号	转速 /rmp	风量/ (m³·min⁻¹)	风压 /Pa	型号	功率 /W	转速 /rmp
机组外型尺寸 (a×b×c)			声级计型号			分析仪器型号		

续表

风机/压缩机			技术参数			电机、驱动机器		
型号	制造厂	编号	转速 /rmp	风量/ (m³·min⁻¹)	风压 /Pa	型号	功率 /W	转速 /rmp

大气压力/kPa	温度/℃	相对湿度/%

测点位置示意图：

备注

检测人		检测地点		检测日期	
监测点	监测高度	m	测点到主机表面距离		m

测点 编号	声级/dB		倍频程压级/dB								
	A	C	31.5	63	125	250	500	1 000	2 000	4 000	8 000
1											
2											
3											
4											
5											
6											
7											
8											
9											
10											
平均值											

实验十九　城市交通噪声的测量实验

一、实验目的

交通噪声是日前城市环境噪声的主要来源。通过本次实验加深对交通噪声的了解，掌握等效连续声级及累计百分数声级的概念。

二、实验原理

本实验中采用等效连续声级及累计百分数声级对测量的噪声进行客观量度。

等效连续 A 声级据能量平均的原则：把一个工作日内各段时间内不同水平的噪声，经过计算，用一个平均的 A 声级来表示。如果在工作日内接触的是一种稳态噪声，则该噪声的等效连续 A 声级就是它的 A 声级；如果接触的噪声强度不同或不是稳态噪声，则按以下公式计算：

$$L_{eq} = 10\lg\Big[\frac{1}{N}\sum_{i=1}^{N}10^{0.1L_{Ai}}\Big] \tag{6-1}$$

式中，L_{eq} 为等效连续声级；N 为测试数据个数；L_{Ai} 为第 i 个 A 计权声级。

累计百分数声级 Ln 表示在测量时间内高于 Ln 声级所占的时间为 $n\%$。对于统计特性符合正态分布的噪声，其累计百分数声级与等效连续 A 声级之间有近似关系：

$$L_{eq} \approx L_{50} + (L_{10} - L_{90})^2/60 \tag{6-2}$$

式中，L_{10} 为峰值声级，表示在测量时段内，有 10% 的时间超过的噪声级，即噪声平均最大值，它是对人干扰较大的声级，也是交通噪声常用的评价值；L_{50} 为平均声级，表示在测量时段内，有 50% 的时间超过的噪声级，即噪声的平均值；L_{90} 为本底声级，表示在测量时段内，有 90% 的时间超过的噪声级，即噪声的本底值。

L_{eq} 为等效声级，是将测量时段内间歇暴露的几个 A 声级，表示该时段内的噪声大小，是声级能量的平均值。

三、实验仪器

声级计。

四、采样点设置

道路交通噪声的测点应选在市区交通干线两路口之间，道路的人行道上，距马路 20 cm 处，此处两交叉路口应大于 50 m。测点离地高度 >1.2 m，并尽可能避开周围的反射物，以减少周围反射对测试结果的影响。

五、实验方法

（1）准备好实验仪器，打开电源稳定后，用校准仪对仪器进行校准。

（2）测量时每隔 5 s 记一个瞬时 A 声级，连续记录 200 个数据。测量的同时记录交通流量。

（3）将 200 个数据从小到大排列，分别找出 L_{10}、L_{90}、L_{50} 带入式（6-2）计算。

六、注意事项

（1）测量场地应平坦而空旷，在测试中心以 25 m 为半径的范围内，不应有大的反射物，如建筑物、围墙等。

（2）测试场地应有 20 m 以上的平直、干燥的沥青路面或混凝土路面。路面坡度不超过 0.5%。

（3）本底噪声（包括风噪声）应比所测车辆噪声至少低 10 dB，并保证测量不被偶然的其他声源所干扰。

注：本底噪声指测量对象噪声不存在时周围环境的噪声。

（4）为避免风噪声干扰，可采用防风罩，但应注意防风罩对声级计灵敏度的影响。

（5）声级计附近除测量者外，不应有其他人员；如不可缺少时，则必须在测量者背后。

实验二十　校园环境噪声水平的测定实验

一、实验目的

本实验为综合设计性实验，要求学生通过本实验的实践，达到以下要求：

（1）学会相关声级计的使用。

（2）掌握监测布点和监测数据的统计方法。

（3）掌握区域环境噪声的监测方法，掌握环境噪声分级评价方法。

（4）掌握交通道路的监测方法和评价。

（5）掌握公共场所的监测方法和评价。

本次实验目标：主要为区域噪声（白天时段）普查方案的制定。

二、实验所采用的标准和监测方法

声学环境噪声测量方法（GB/T 3222—94）

公共场所噪声测量方法（GB/T 18204.22—2000）

声环境质量标准（GB 3096—2008）

三、实验的具体要求和步骤

（1）根据实验的要求以及各小组所分配的区域，各小组必须按照有关的标准要求，制定合理的环境噪声监测布点方案。

（2）各组监测方案的制定要求：

①根据所选定区域的功能特征，按照网格法进行布点设计。

②对于所测定区域内的交通干线道路两侧，必须制定出监测布点方案（测点不少于两个）

③对于区域内的公共场所，也应制定出相应的布点方案。

④监测时间段、所需仪器和噪声评价量的选择，必须在监测方案中明确说明。

⑤小组各成员的分工，也必须在布点方案中明确说明。

（3）所制定的实验方案必须通过指导教师的审核后方可实施。

（4）监测的过程必须符合标准的规定和要求。

（5）原始数据的记录必须完整。

四、实验结果与分析

在对所有原始数据进行处理和统计处理后，必须按照规定绘制出相应区域的噪声水平分布图。根据有关的噪声水平分布情况，给出评价和分析（表6-4）。

表6-4 噪声监测记录表

测点位置示意图								
备注								
监测人			监测地点			监测日期		
监测点	监测点高度/m			监测点周围情况				
	监测时间段							
声级/dB								

续表

监测点	监测点高度/m			监测点周围情况	
	监测时间段				
声级/dB					

[参考资料1] 公共场所噪声测量方法（GB/T 18204.22—2000）（摘录）

测量仪器：精密声级计或普通声级计。

仪器设置：传声器离地面高 1.2 m，与操作者距离 0.5 m，距墙面和其他主要反射面不小于 1 m。

测量方法：

(1) 布点要求：较大的公共场所（>100 m²）距声源（或一侧墙壁）中心划一直线至对侧墙壁中心，在此直线上取均匀分布的三点为监测点；较小的公共场所（<100 m²）在室中央取一点为监测点。

(2) 读数方法：稳态与似稳态噪声用快挡读取指示值或平均值，周期性变化噪声用慢挡读取最大值并同时记录时间变化特性。脉冲噪声读取峰值和脉冲保持值无规则变化噪声用慢挡，每隔 5 s 读一个瞬时 A 声级，每个测点连续读取 100 个数据代表该测点的噪声分布。

(3) 测量时间：文化娱乐场所、商场（店）在营业前 30 min，营业后 30 min，营业结束前 30 min 测量。旅店业、图书馆、博物馆、美术馆、展览馆、医院候诊室、公共交通等候室、公共交通工具均在营业后 60 min 测量。

(4) 评价值：用 Laeq 作为评价值，用 L_{10}、L_{50}、L_{90} 作为分析依据。对于公共场所的一般性卫生监测，可分别求出各点的 L_{50}，然后进行合成或平均计算作为公共场所噪声的判定依据。

[参考资料2] 声环境质量标准（GB 3096—2008）（略）

[参考资料3] 社会生活环境噪声排放标准（GB 22337—2008）（略）

第七章　固废处理处置

实验二十一　固体废物分离特性实验
——城市生活垃圾的特性分析

一、实验目的

通过本实验，了解生活垃圾的组成和性质，掌握生活垃圾容重、物理组成、含水率、工业组分分析方法，为城市生活垃圾的资源化处理提供基础信息。

二、实验材料与设备

（1）实验材料及用具：按每组准备。

手提电子秤 1 台。

剪刀 1 把。

垃圾样品袋 12 个。

方舟坩埚 12 个。

坩埚 12 个。

培养皿 12 个。

锡纸若干。

（2）设备：

烘箱 1～2 台。

马弗炉 1～2 台。

管式炉 1～2 台。

氮气。

三、实验方法

（一）容重测定

采用容器法分析生活垃圾容重。通过称量固定体积容器内生活垃圾重量，计算生活垃圾容重。

1. 设备

（1）手提电子秤：最小分度值 0.01 g。

（2）垃圾桶：材质采用高密度聚乙烯，体积根据垃圾桶的尺寸测量计算。

2. 测定步骤

（1）称量空生活垃圾桶重量 M_0。

（2）将所采集的样品放入生活垃圾桶，振动 3 次，不压实，测量装入垃圾的体积 V。

（3）称量样品和垃圾桶总重量 M_j。

3. 计算

生活垃圾容重按下式计算：

$$d = \frac{1\,000}{m} \sum_{i=1}^{m} \frac{M_j - M_0}{V} \tag{7-1}$$

式中，d 为生活垃圾容重，kg/m^3；m 为重复测定次数；j 为重复测定序次；M_0 为生活垃圾桶重量，kg；M_j 为每次称量重量（包括容器重量），kg；V 为生活垃圾桶容积，L。

计算结果以 3 位有效数字表示。

（二）物理组成

采样后应立即进行物理组成分析，否则，必须将样品摊铺在室内避风、阴凉、干净的铺有防渗塑胶的水泥地面，厚度不超过 50 mm，并防止样品损失和其他物质的混入，保存期不超过 24 h。

1. 设备

（1）电子秤：最小分度值 0.01 g。

（2）样品袋。

2. 步骤

（1）称量生活垃圾样品总重。

（2）按照表 7-1 的类别分拣生活垃圾样品中各成分。

（3）对于生活垃圾中由多种材料制成的物品，易判定成分种类并可拆解者，应将其分割拆解后，依其材质归入表 7-1 中相应类别；对于不易判定及分割、拆解困难的复合物品可依据下列原则处理：

①直接将复合物品归入与其主要材质相符的类别中。

②按表 7-1 进行分类，根据物品重量，并目测其各类组成比例，分别计入各自的类别中，确实分类困难的归为混合类。

（4）分别称量各成分重量，按表 7-1 记录。

表 7-1　生活垃圾组分表

采样点编号	餐余	塑料	橡胶，皮革	纺织	木竹	纸类	灰土，石块，瓷砖	金属	玻璃	有害	混合
1											
2											
3											
4											
5											
6											
7											

3. 生活垃圾各组分计算

按下式计算各成分含量：

$$C_{i湿} = \frac{M_i}{M} \times 100\% \qquad (7-2)$$

$$C_{i干} = C_{i湿} \times \frac{100 - C_{i水}}{100 - C_水} \qquad (7-3)$$

式中，$C_湿$ 为湿基某成分含量，%；M_i 为某成分重量，kg；M 为样品总重量，

kg；$C_{i千}$ 为干基某成分含量，%：$C_{i水}$ 为某成分含水率，%；$C_水$ 为样品含水率，%。

结果以 4 位有效数字表示。

（三）含水率

生活垃圾的含水率测定应在测定物理组成后 24 h 内完成。

1. 设备

（1）电热鼓风恒温干燥箱：最高使用温度 200℃，控温精度 ±1℃。

（2）搪瓷托盘。

（3）塑料容器：可耐 150℃以上，易清洗。

（4）金属容器：耐腐蚀，易清洗。

（5）天平：最小刻度值 0.000 1 g。

（6）手提电子秤：最小分度值 0.01 g。

（7）干燥器：干燥剂为变色硅胶。

2. 步骤

（1）将样品的各种成分分别放在干燥的容器内，置于电热鼓风恒温干燥箱内，在（105±5）℃的条件下烘 4~8 h（厨余类生活垃圾可适当延长烘干时间，建议烘干 12 h），待冷却 0.5 h 后称重。

（2）重复烘 1~2 h，冷却 0.5 h 后再称重，直至两次称量之差小于样品量的 1%。

3. 计算

含水率按下式计算：

$$C_{iw} = \frac{M_i - M'_i}{M_i} \times 100\% \tag{7-4}$$

$$C_w = \sum_{i=1}^{n} C_{iw} \times \frac{C_i}{100\%} \tag{7-5}$$

式中，C_{iw} 为某成分含水率，%；C_w 为样品含水率，%；C_i 为某成分湿基含量，%；M_i 为某成分湿重，kg 或 g；M'_i 为某成分干重，kg 或 g；i 为各成分序数；n 为成分数。

计算结果保留两位小数。

（四）热值

在无量热仪的条件下，生活垃圾热值的计算可选用下式计算：

$$Q_h = \sum_{i=1}^{n} Q_{ih} \times \frac{M_i'}{100} \tag{7-6}$$

式中，Q_h 为生活垃圾的干基高位热值，kJ/kg；Q_{ih}' 为生活垃圾中某种成分的干基高位热值，kJ/kg，参见表 7-2 数值；M_i' 为某成分干重，kg。

表 7-2　生活垃圾热值一览表

组分	餐余	塑料	橡胶, 皮革	纺织	木竹	纸类	灰土等	金属	玻璃	有害	混合
$Q_h/$ (kJ·kg⁻¹)	4 650	32 570	23 260	17 450	18 610	16 600	6 980	700	140	—	—

（五）工业分析

1. 实验设备

马弗炉，管式电阻炉，坩埚，陶瓷方舟。

2. 实验步骤

（1）称量不同坩埚的重量，记为 M_0。将干燥的各种成分样品分别放在称量好的坩埚内，称量并做好标记，记为 M_1，置于马弗炉内，在空气中于 (800 ± 10)℃ 条件下煅烧 2 h，待冷却后称重记为 M_2。

（2）将数据代入下式计算各组分的灰分含量 $W_{i灰}$：

$$W_{i灰} = \frac{M_2 - M_0}{M_1 - M_0} \times 100 \tag{7-7}$$

（3）称量不同方舟的重量，记为 M_0。将干燥的各种成分样品分别放在称量好的陶瓷方舟内，称量并做好标记，记为 M_1，置于管式电阻炉内，通入氮气吹扫管子内的空气，在氮气中于 (900 ± 10)℃ 条件下碳化 2 h，待冷却后称重记为 M_2。

（4）将步骤（1）中的数据代入式（7-8）计算各组分的挥发分含量 $W_{i挥}$：

$$W_{i挥} = \frac{M_1 - M_2}{M_1 - M_0} \times 100 \tag{7-8}$$

（5）固定碳含量 $W_{i碳}$ 按下式计算：

$$W_{i碳} = 100 - W_{i灰} - W_{i挥} \tag{7-9}$$

四、思考题

（1）检测分析生活垃圾容重、物理组成、含水率以及热值等指标有什么作用？

（2）你认为生活垃圾污染控制有效途径和具体措施有哪些？如何对其资源化利用？

五、考核方式

撰写小论文 1 份，格式按照《环境工程学报》杂志的规范。《环境工程学报》的网址：http://cjee.ac.cn/journal/hjgcxb.

（一）基本格式及要求

（1）题目（中英文）
（2）摘要（中英文）
（3）关键词（中英文）
（4）前言
（5）实验材料与仪器设备
（6）实验方法
（7）实验结果
（8）讨论
（9）结论
（10）参考文献（不少于 10 篇中英文参考文献，中英文参考文献至少各 5 篇）

（二）撰写提示

（1）前言：重点叙述城市生活垃圾的来源、性质、环境危害、处理处置的进展。阐述本实验的目的和意义。

（2）实验方法：采样的方法、性质分析的方法、对其资源化处理的方法。

（3）结果讨论：

①对调查的生活垃圾的特性进行分析，并讨论每一个特性指标对于城市生活垃圾处理的作用。

②结合调查的生活垃圾的特性，提出对其处理方法的可行性分析。

实验二十二 污泥脱水性能实验

一、实验目的

进一步加深理解污泥比阻的概念，评价污泥脱水性能，选择污泥脱水的药剂种类、浓度、投药量，加深理解污泥机械脱水的原理和脱水过程。

二、实验原理

污泥经重力浓缩或消化后，含水率为97%，其体积大不便于运输，因此一般多采用机械脱水，以减小污泥体积。常用的脱水方法有真空过滤、压滤、离心等。污泥比阻值是表示污泥过滤特性的综合指标，加入混凝剂可改善污泥过滤特性。

三、实验设备及用具

（1）污泥比阻测定装置：真空泵、反应器、真空表、布氏漏斗等。
（2）秒表、滤纸、烘箱。
（3）氯化铁、硫酸亚铁、硫酸铝混凝剂。

四、实验步骤

（1）准备污泥：消化后的污泥，分别投加 1 mL 5%、10%和15%的氯化铁、硫酸亚铁、硫酸铝混凝剂，混合反应 1 min。
（2）测定污泥含水率，求其污泥浓度。
（3）布氏漏斗中放置滤纸，用水喷湿。开动真空泵，使量筒中成为负压；滤纸紧贴漏斗，关闭真空泵。
（4）把 100 ml 调节好的泥样倒入漏斗，再次开动真空泵，使污泥在一定条件下过滤脱水。

（5）记录不同过滤时间 t 的滤液体积 V 值。

（6）记录当过滤到泥面出现龟裂或滤液达到 85 mL 时所需要的时间 t。

（7）测定滤饼浓度。

（五）注意事项

（1）滤纸称重烘干，放到布氏漏斗内，要先用蒸馏水湿润，之后再用真空泵抽吸一下，滤纸一定要贴紧漏斗不能漏气。

（2）污泥倒入布氏漏斗内有部分滤液流入量筒，所以在正常开始实验时，应记录量筒内滤液体积 V 值。

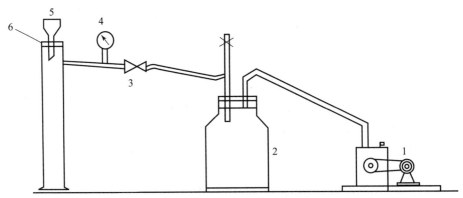

图 7-1　比阻实验装置图

1—真空泵；2—吸滤瓶；3—真空度调节阀；4—真空表；

5—布氏漏斗；6—吸滤垫

五、数据记录与分析

绘制 t/V—V 关系曲线，求斜率 b，求截流固体重量与滤液体积比 w，计算各污泥比阻，选择最佳浓度最佳混凝剂。

六、思考题

（1）判断污泥脱水性能的好坏，分析其原因。

（2）污泥调理有什么意义？

实验二十三　固体废物热解实验

一、实验目的

（1）了解热解的概念。
（2）熟悉污泥热解过程的控制参数。

二、实验原理

热解是一个传统生产工艺，是将木材和煤干馏后生成木炭和焦炭，用于人们的生活取暖和工业上冶炼钢铁，已经有了非常悠久的历史。随着现代工业的发展，热解技术的应用范围也在逐渐扩展，例如重油裂解生成轻质燃料油、煤炭气化生成燃料气等，采用的都是热解工艺。

热解是将有机物在无氧或缺氧状态下加热，使之成为气态、液态或固态可燃物质的化学分解过程。污泥的热解是个非常复杂的化学反应过程，包含了大分子键的断裂、异构化和小分子的聚合等反应，最后生成较小的分子。热解反应过程可用下述通式表示：

有机固体废物 $\xrightarrow{\triangle}$ 气体（氢、甲烷、钴、二氧化碳）+ 有机液体（有机酸、芳烃、焦油）+ 固体（炭黑、灰渣）

三、实验设备及用具

（1）卧式或立式热解炉。
（2）实验材料：选取城市污水处理厂的生物污泥。
（3）烘箱 1 台。
（4）漏斗、漏斗架。
（5）1 000 mL 量筒 1 支。
（6）定时钟 1 座。
（7）破碎机 1 台。
（8）电子天平 1 台。

四、实验方法

（1）记录实验设备基本参数，包括热解炉功率、旋风分离器的型号、风量、总高、公称直径，气体流量计的量程、最小刻度。

（2）记录反应床初始温度、升温时间。

（3）记录实验数据。

五、数据记录与分析

表7-3　不同热解温度下产气量的计算

实验序号	热解温度				
	400℃	500℃	600℃	700℃	800℃
1					
2					
3					
4					
5					
6					

根据所获数据（表7-3），对实验的过程和发现进行分析与讨论。

六、思考题

（1）固体废物热解的特点有哪些？

（2）固体废物热解的工艺有哪些类型？

（3）热解和焚烧的区别是什么？

实验二十四　城市生活垃圾的堆肥化实验

一、实验目的

（1）认识典型固体废弃物——城市生活垃圾资源化的重要意义。

（2）掌握城市生活垃圾堆肥的处理方法。

（3）掌握城市生活垃圾堆肥肥效的评价方法。

二、实验原理

（一）堆肥化原理

根据堆肥化过程中微生物对氧气不同的需求情况，可以把堆肥化方法分成好氧堆肥和厌氧堆肥两种。

1. 好氧堆肥

好氧堆肥是在通气条件好、氧气充足的条件下借助好氧微生物的生命活动降解有机物，通常好氧堆肥温度高，一般为 $55 \sim 60℃$，极限可达 $80 \sim 90℃$。所以好氧堆肥也称高温堆肥。

2. 厌氧堆肥

厌氧堆肥则是在通气条件差、氧气不足的条件下借助厌氧微生物发酵堆肥。

3. 好氧堆肥原理

有机物好氧堆肥化过程实际上就是基质的微生物发酵过程，可用下式表示：

$$[C、H、O、N、S、P] + O_2 \rightarrow CO_2 + NO_3^- + SO_4^{2-} +$$
$$简单有机物 + 更多的微生物 + 热量$$

好氧堆肥过程中，有机废物中的可溶性小分子有机物质透过微生物的细胞壁和细胞膜为微生物吸收利用。不溶性大分子有机物则先附着在微生物的体外，由微生物所分泌的胞外酶分解为可溶性小分子的物质，再输送入细胞内为微生物利用。通过微生物的生命活动—合成及分解过程，把一部分被吸收的有机物氧化成为简单的无机物，并提供生命活动所需要的能量，把另一部分有机物转化合成新的细胞物质，使微生物增殖。

好氧堆肥过程可大致分成 4 个阶段。

（1）升温阶段（又称中温阶段）。

此阶段堆层温度 $15 \sim 45℃$，嗜温菌活跃，可溶性糖类、淀粉等消耗迅速，温度不断升高。以细菌、真菌、放线菌为主。堆肥初期，堆层基本呈中温，嗜温性微生物（中温放线菌、蘑菇菌等）较为活跃，并利用堆肥中可溶性有机物质（单糖、脂肪和碳水化合物）旺盛繁殖。这些有机物质在转换和利用化学能的过程中，有一部分变成热能。由于堆料有良好的保温作用，温度不断上升。

（2）高温阶段。

当堆肥温度上升到45℃以上时，即进入堆肥过程的第二阶段——高温阶段。堆层温度升至45℃以上，不到一周可达65～70℃，随后又逐渐降低。温度上升到60℃时，真菌几乎完全停止活动；温度上升到70℃以上时，对大多数嗜热性微生物已不适宜，微生物大量死亡或进入休眠状态，除一些孢子外，所有的病原微生物都会在几小时内死亡，其他种子也被破坏。其中，50℃左右，嗜热性真菌、放线菌活跃；60℃左右，嗜热性放线菌和细菌活跃；大于70℃，微生物大量死亡或进入休眠状态（表7-4）。

表7-4　几种常见病菌与寄生虫的死亡温度

名称	死亡温度
沙门氏伤寒菌	46℃以上不生长；55～60℃，30 min 内死亡
沙门氏菌属	56℃，1 h 内死亡；60℃，15～20 min 死亡
大肠杆菌	绝大部分，55℃，1 h 内死亡；60℃，15～20 min 死亡
阿米巴属	68℃死亡
无钩绦虫	71℃，5 min 内死亡
美洲钩虫	45℃，50 min 内死亡
流产布鲁士菌	61℃，3 min 内死亡
化脓性细球菌	50℃，10 min 内死亡
链球菌	54℃，10 min 内死亡
结核分枝杆菌	66℃，15～20 min 内死亡，有时在67℃死亡
牛结核杆菌	55℃，45 min 内死亡

（3）降温阶段。

在此阶段，中温微生物又开始活跃起来，重新成为优势菌，对残余较难分解的有机物作进一步分解，腐殖质不断增多，且稳定化。当温度下降并稳定在40℃左右时，堆肥基本达到稳定。

（4）腐熟阶段。

堆体温度降低后，嗜温微生物又重新占优势，对残余较难分解的有机物作进一步分解，腐殖质不断增多且稳定化，此时堆肥即进入腐熟阶段。降温后，需氧量大大减少，含水量也降低，堆肥物孔隙增大，氧扩散能力增强，此时只需自然通风即可。

4. 厌氧堆肥原理

厌氧堆肥是在缺氧条件下利用厌氧微生物进行的腐败发酵分解，其最终产物除了二氧化碳和水以外，还有氨、硫化氢、甲烷和其他有机酸等物质。其中，氨、硫化氢等物质有异臭气味。厌氧堆肥需要的时间也很长，完全腐熟往往需要几个月的时间。传统的农家肥就是厌氧堆肥。

厌氧堆肥过程主要分为两个阶段：

（1）产酸阶段：此阶段产酸菌将大分子有机物降解为小分子的有机酸和乙酸、丙醇等物质，并提供部分能量因子 ATP。以乳酸菌分解有机物为例：

$$C_6H_{12}O_6 \xrightarrow{\text{乳酸菌}} 2C_3H_6O_3 \text{（乳酸）} + 2ATP$$

（2）产甲烷阶段：此阶段甲烷菌把有机酸继续分解为甲烷气体。

$$C_3H_6O_3 \xrightarrow{\text{甲烷菌}} 3CH_4 + 3CO_2 + \text{能量}$$

厌氧过程没有氧参加，酸化过程产生的能量较少，许多能量保留在有机酸分子中，在甲烷细菌作用下以甲烷气体的形式释放出来。厌氧堆肥的特点是反应步骤多，速度慢，时间长。

（二）影响堆肥过程的因素

1. 碳氮比

在微生物分解所需的各种元素中，碳和氮是最重要的。碳氮比与堆肥温度有关：原料碳氮比高，碳素多；氮素养料相对缺乏，细菌和其他微生物的生长就受到限制，有机物的分解速度就慢，发酵过程就长。如果碳氮比例高，容易导致成品堆肥的碳氮比过高，这种堆肥施入土壤后，将夺取土壤中的氮素，使土壤陷入"氮饥饿"状态，影响作物生长。但是碳氮比过低，特别是低于 20:1，可供消耗的碳素少，氮素养料相对过剩，则原料中的氮将变成氨态氮而挥发，导致大量的氮素损失而降低肥效。

为了使参与有机物分解的微生物营养处于平衡状态，堆肥碳氮比应满足微生物所需的最佳值 25~35:1，粪便的碳氮比含量较低，应通过补加含碳量高的物料（如秸秆）来调节碳氮比。以含水率 75% 的鸡粪为例，按重量比，添加秸秆的比例为：鸡粪:秸秆 =5:1。

2. 含水率

堆肥原料的最佳含水率通常是 50% ~ 60%。含水率太低（<30%），将影响微生物的生命活动；含水率太高，会降低堆肥速度，导致厌氧菌分解并产生臭气以及营养物质的沥出。不同养殖工艺的畜禽粪便的含水率相差很大，通常采用干清粪工艺粪便的含水率为 75% ~ 80%。堆肥物料的含水率还与设备的通风能力及堆肥物料的结构强度密切相关，若含水率>60%，水分就会挤走空气，堆肥物料便呈致密状态，堆肥就会朝厌氧方向发展，此时应加强通风；反之，堆肥物料中的含水率<20%，微生物将停止活动。

3. 温度

对堆肥而言，温度是堆肥得以顺利进行的重要因素，温度会影响微生物的生长，一般认为高温菌对有机物的降解效率高于中温菌。堆肥初期，堆体温度一般与环境温度相一致，经过中温菌 1 ~ 2 d 的作用，堆肥温度便能达到高温菌的理想温度 50 ~ 65℃，在这样的高温下，一般堆肥只要 5 ~ 6 d 即可达到无害化要求。过低的温度将大大延长堆肥达到腐熟的时间，而过高的堆温（≥70℃）将对堆肥微生物产生不利影响。

4. 通风供氧

通风供氧是堆肥成功的关键因素之一。堆肥需氧的多少与堆肥物料中有机物含量有关，堆肥物料中的有机碳越多，其耗氧率越大。堆肥过程中合适的氧浓度为 18%，一旦低于 18%，好氧堆肥中微生物生命活动将受到限制，容易使堆肥进入厌氧状态而产生恶臭。

5. pH 值

pH 值对微生物的生长也是重要影响因素之一。一般微生物最适宜的 pH 值是中性或弱碱性，pH 值太高或太低都会使堆肥处理遇到困难。此外，pH 值也会影响氮的损失，因此，pH 值在 7.0 以上时，氮以氨的形式挥发。但在一般情况下，畜禽粪便的 pH 值能满足发酵要求。

6. 接种剂

向畜禽粪便中加入接种剂（微生物菌剂）可以加快堆腐物料的发酵速度。向堆肥中加入分解较好的厩肥或加入占原始物料 10% ~ 20% 的腐熟堆肥，能加快发酵速度。在堆制过程中，按自然方式形成了参与有机废弃物发酵以及从分解产物中形成腐殖质化合物的微生物群落。通过有效的菌系选择，可以从中分离出具有很大活性的微生物培养物，建立人工种群与堆肥发酵要素母液。

7. 堆肥原料尺寸

因为微生物通过在有机颗粒的表面活动，所以降低颗粒物尺寸，增加表面积，将促进微生物的活动并加快堆肥速度。另外，如果原料太细，又会阻碍堆层空气的流动，减少堆层中可利用的氧气量，反过来又会减缓微生物活动速度。因此，为了加快发酵过程，应在保证空气通透的前提下尽量减小堆肥原料的尺寸。畜禽粪便本身呈稠浆状，一般需添加大尺寸物料增加孔隙度。

（三）堆肥腐熟度评级

堆肥腐熟度是指有机废弃物经过发酵处理后达到无害化指标的程度，是评价堆肥能否安全用于农业生产的指标。

堆肥是否腐熟可采用眼观、鼻闻、手摸的简便方法来判断。腐熟的堆肥具有以下特点：

（1）堆肥温度下降并趋于环境温度。

（2）基本没有臭味。

（3）外观呈褐色，团粒结构疏松，堆内物料带有白色菌丝。

三、实验设备及用器

（一）堆肥装置

好氧堆肥装置如图 7-2 所示，厌氧堆肥装置如图 7-3 所示。

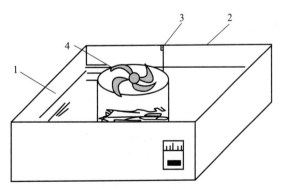

图 7-2　好氧堆肥装置

1—水浴槽；2—好氧舱；3—温度计；4—风机

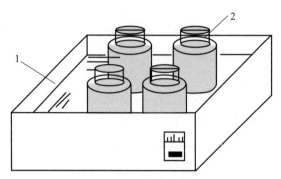

图 7 – 3　厌氧堆肥装置

1—水浴槽；2—密封瓶

（二）实验设备及用品

（1）恒温水浴。

（2）好氧发酵仓。

（3）厌氧发酵仓。

（4）风机。

（5）温度计。

（6）电子天平。

（7）烘箱。

（8）pH 计。

（9）餐厨垃圾。

四、实验步骤

（一）材料准备

用于好氧堆肥的固体废物为餐厨垃圾，从学校食堂等地方收集，然后切碎成为 1～2 cm 的物料。堆肥前，要测定餐厨垃圾的含水率、总固体含量（TS）、挥发性固体（VS）、碳氮比（C/N）等。根据测定的结果，进行用于堆肥的物料的调节，主要调节物料的含水率和碳氮比，通过添加锯末调节含水率至 60% 以及碳氮比为 20～30。影响堆肥化过程的因素主要有通风供氧量、含水率、温度、有机质含量、颗粒度、碳氮比、碳磷比、pH 值等。对餐

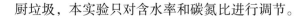

厨垃圾，本实验只对含水率和碳氮比进行调节。

（二）装料和通气

把经过调理准备好的堆肥物料装入反应器中，盖好上盖，开始启动风机向反应器中通气。通过其他流量及控制通风量在 $0.2\ \mathrm{m^3/(min \cdot m^{-1}_{物料})}$ 左右，或者控制排气中氧气浓度含量为 $14\% \sim 17\%$。

（三）温度和氧气记录

用温度计和氧传感器测量堆肥温度、进气和排气中氧气的浓度，设定 1 h 测定 1 次。

（四）翻堆

观察堆肥温度的变化，当堆肥温度由环境上升到最高温度（$60 \sim 70$℃），之后下降到接近环境温度不再变化时终止通气，把堆肥物料取出，进行第一次翻堆；把物料充分翻动、混合后再放回反应器中，盖上盖，重新启动风机通气。

（五）堆肥稳定化评价

当堆肥温度再次上升到一定温度，之后又下降到接近环境温度时，并且进气和排气中氧气浓度基本相同时，表明堆肥的好氧生物降解活动已经基本结束。此时，用便携式氧气测定仪测定堆肥物料中的相对耗氧速率（单位时间内氧在气体中体积浓度的减少值，单位：$\Delta O_2\%/\mathrm{min}$），若相对耗氧速率基本稳定在 $0.02\Delta O_2\%/\mathrm{min}$ 左右时，说明堆肥已经达到稳定化。

（六）指标测定和记录

从反应器中取出堆肥物料，测定含水率、总固体、挥发性固体、碳氮比等指标，并做记录（表 7 - 5）。

表 7 - 5 堆肥指标记录

时间/d	0	2	4	6	8	10	12	14	16	18	20	22	24	26	28
温度/℃															
含水率/%															
总碳/g															
总氮/g															

时间/d	0	2	4	6	8	10	12	14	16	18	20	22	24	26	28
碳氮比															
pH 值															
总固体/g															
挥发性固体/g															

（1）含水率：定期取样，用电子天平称重后（2～5 g）用坩埚将样品放入烘箱105 ℃下烘干，称重至质量不再变化，计算含水率。

（2）总碳：重铬酸钾外加热法。

（3）总氮：土壤全氮测定法（半微量开氏法），采用 GB7173 - 87 标准。

（4）pH 值：称取2～5 g 样品，按照1∶10（干重∶水体积）的比例用去离子水浸提，充分振荡，用 pH 计测试上清液。

五、实验结果与分析

堆肥化的主要目的是使有机废物达到稳定化，不再对环境有污染危害，同时生产有价值的产品。因此，在堆肥结束后，需要对堆肥是否已达到稳定化以及卫生安全性进行判定。堆肥稳定化常用堆肥腐熟度来判定。堆肥腐熟度的判定标准有多种，常见的有观感标准、挥发性固体、碳氮比、温度、化学需氧量、耗氧速率等。研究表明，这些评定指标具有一致性，即当某一指标达到稳定值时，其他指标均达到自身的稳定值，因此，只需根据具体情况选择若干指标测定即可，而不需要对所有指标进行测定。本实验依据感观标准和相对耗氧速率进行判定，用总固体、挥发性固体、碳氮比等作为参考指标，考察堆肥腐熟度的变化情况（表7-6）。

表 7-6　堆肥稳定化和卫生安全性评判指标表

	观察和测量结果		判定标准		备注
感观标准	颜色		颜色		
	气味		气味		
	手感		手感		
相对耗氧速率/ $(\Delta O_2, \% \cdot min^{-1})$			0.02 左右		

续表

总固体	初始值/kg		
	最终值/kg		
	减少率/%	一般为30%～50%	
挥发性固体	初始值/kg		
	最终值/kg		
	减少率/%	一般为30%～50%	
碳氮比	初始值/kg		
	最终值/kg		
	减少率/%	一般为30%～50%	
卫生安全性	大于55℃堆温持续时间/d	大于5 d	绘制出整个堆肥过程的温度变化曲线，并标出大于55℃的持续时间

　　堆肥的安全性主要考虑其无害化卫生要求。在此方面，我国对堆肥温度、蛔虫卵死亡率和粪大肠菌数有规定要求。但一般情况下，通过检测堆肥过程中温度的变化，保证堆肥过程中大于55℃的堆温持续5 d以上，就可灭杀大部分有害病原菌，基本满足安全卫生要求。因此，本实验通过检测堆温进行卫生安全性判定。

六、思考题

好氧堆肥与厌氧堆肥有何区别？各有何优缺点？

实验二十五　固体废物厌氧发酵实验

一、实验目的

（1）掌握有机垃圾厌氧发酵产甲烷的过程和机理。
（2）了解厌氧发酵的操作特点以及主要控制条件。

二、实验原理

厌氧发酵是指在厌氧状态下利用厌氧微生物使固体废物中的有机物转化为甲烷和二氧化碳的过程。厌氧发酵产生以甲烷为主要成分的沼气。参与厌氧分解的微生物可以分为两类：①是由一个十分复杂的混合发酵细菌群将复杂的有机物水解，并进一步分解为以有机酸为主的简单产物，通常称为水解菌。②第二阶段的微生物为绝对厌氧细菌，其功能是将有机酸转变为甲烷，称为产甲烷菌。

厌氧发酵一般可以分为 3 个阶段：水解阶段、产酸阶段和产甲烷阶段，每一阶段各有其独特的微生物类群起作用（图 7 - 4）。

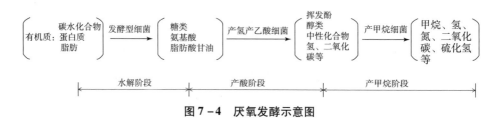

图 7 - 4　厌氧发酵示意图

（一）水解阶段

发酵细菌利用胞外酶对有机物进行体外酶解，使固体物质变成可溶于水的物质；然后，细菌再吸收可溶于水的物质，并将其分解为不同产物。高分子有机物的水解速率很低，它取决于物料的性质、微生物的浓度以及温度、pH 值等环境条件。纤维素、淀粉等水解成单糖类，蛋白质水解成氨基酸，再经脱氨基作用形成有机酸和氨，脂肪水解后形成甘油和脂肪酸。

（二）产酸阶段

水解阶段产生的简单的可溶性有机物在产氢和产酸细菌的作用下，进一步分解成挥发性脂肪酸、醇、酮、醛、二氧化碳和氢等。

（三）产甲烷阶段

产甲烷菌将第二阶段的产物进一步降解成甲烷和二氧化碳，同时利用产酸阶段所产生的氢将部分二氧化碳再转变为甲烷。产甲烷阶段的生化反应相当复杂，其中 72% 的甲烷来自乙酸，主要反应有

$$CH_3COOH \rightarrow CH_4 \uparrow + CO_2 \uparrow$$
$$4H_2 + CO_2 \rightarrow CH_4 \uparrow + 2H_2O$$
$$4H_3COOH \rightarrow CH_4 \uparrow + 3CO_2 \uparrow + 2H_2O$$
$$4CH_3OH \rightarrow 3CH_4 \uparrow + CO_2 \uparrow + 2H_2O$$
$$4(CH_3)_3N + 2H_2O \rightarrow 9CH_4 \uparrow + 3CO_2 \uparrow + 4NH_3 \uparrow$$
$$4CO + 2H_2O \rightarrow CH_4 \uparrow + 3CO_2 \uparrow$$

三、实验设备及用具

（1）实验装置：厌氧发酵反应器。

（2）发酵原料：生活垃圾。

（3）接种：可采用活性污泥接种，取就近的污水处理厂污泥车间的脱水剩余活性污泥，在培养过程中可以不添加其他培养物。

（4）分析方法：

①总固体（TS）和挥发性固体（VS）的检测采用重量法。

②总有机物（TCOD）和可溶性有机物（SCOD）的检测采用重铬酸钾氧化法。

③pH 值使用精密 pH 计测定。

④甲烷和二氧化碳浓度可采用便携式红外线分析系统测定。

⑤总氮（TN）采用日本 SHIMADZU 公司 TOC‑V CPN 型 TOC/TN 分析仪测定。

⑥挥发性脂肪酸，使用乙酸计，用滴定法测定。

四、实验方法

（1）污泥驯化：将脱水污泥加水过筛以除去杂质，然后放入恒温室内厌氧驯化一天。

（2）按实验要求配置好有机垃圾的样品放置于备料池中备用。

（3）将培养好的接种污泥投入反应器，采用有机垃圾和污泥之比为 1∶1 的混合物料。用一氧化碳和氢的混合气通入反应器底部 2～3 min，以吹脱瓶中剩余的空气。立即将反应器密封，将系统置于恒温中进行培养。恒温系统温度升至 35℃时，测定即正式开始。

（4）记录每日产气量以及相关参数，直到底物的挥发性脂肪酸（VFA）的 80% 已被利用。

（5）为了消除污泥自身硝化产生甲烷气体的影响，需做空白实验。空白实验是以去离子水代替有机垃圾，其他操作与活性测定实验相同。

（6）分别设置不同的反应温度以及不同的有机垃圾与活性污泥的配比，参考不同温度对厌氧发酵产甲烷的影响。

五、实验数据记录

实验数据记录如表 7 - 7 所示。

表 7 - 7　有机垃圾厌氧发酵产甲烷实验记录

序号	有机负荷/(m·s⁻¹)	日产气量/mL	甲烷含量/g	pH 值

根据所获结果（表 7 - 7），对实验过程和发现进行分析与讨论。

六、思考题

（1）分析厌氧发酵的三阶段理论和两阶段理论的异同点。

（2）厌氧发酵装置有哪些类型？试比较它们的优缺点。

（3）影响厌氧发酵的因素有哪些？

实验二十六　危险废物重金属含量及浸出毒性测定实验

一、实验目的

（1）掌握危险废物中重金属含量的测定方法。

（2）掌握危险废物浸出毒性的测定方法。

（3）了解危险废物浸出毒性对环境的污染与危害。

二、实验原理

危险废物是指列入《国家危险废物名录》或根据国家规定的危险废物鉴别标准和鉴别方法认定的具有危险特性的废物。危险废物具有毒性、腐蚀性、易燃性、反应性和感染性等一种或几种危害特性。

含有有害物质的固体废物在堆放或处置过程中，遇水浸沥，使其中的有害物质迁移转化，污染环境。浸出实验是对这一自然现象的模拟实验。当浸出的有害物质的量值超过相关法规提出的阈值时，则该废物具有浸出毒性。

浸出是可溶性的组分通过溶解或扩散的方式从固体废物中进入浸出液的过程。当填埋或堆放的废物和液体接触时，固相中的组分就会溶解到液相中形成浸出液。组分溶解的程度取决于液固相接触的点位、废物的特性和接触的时间。浸出液的组成和它对水质的潜在影响，是确定该种废物是否为危险废物的重要依据，也是评价这种废物所适用的处置技术的关键因素。

三、实验设备及用具

（1）加热装置：板式电炉及 100 mL 瓷质坩埚。

（2）硝化试剂：浓硝酸、王水、氢氟酸、高氯酸。

（3）定容装置：50 mL 容量瓶或比色皿。

（4）浸取容器：2 L 密封塞广口聚乙烯瓶。

（5）浸取装置：频率可调的往复式水平振荡机。

（6）浸取剂：去离子水或同等纯度的蒸馏水。

（7）滤膜：0.45 μm 微孔滤膜或中速定量滤纸。

（8）过滤装置：加压过滤装置、真空过滤装置或离心分离装置。

四、实验方法

（一）重金属含量的测定

（1）准确称取 0.1 g 试样，置于瓷坩埚中，用少许水润湿，加入 0.5 mL

浓硝酸和王水 10 mL。

（2）将瓷坩埚置于电炉上加热，反应至冷却，使残液不少于 1 mL。

（3）将残液中再加入 5 mL 氢氟酸，进行低温加热近 1 mL。

（4）最后加入 5 mL 高氯酸加热至 1 mL。

（5）取下瓷坩埚，冷却，加入去离子水，继续煮沸使盐类溶解，再进行冷却。

（6）将最终残液移至于 50 mL 容量瓶中，水洗坩埚加入硝酸至酸度为 2%，定容至刻度。用原子吸收火焰分光光度法或 ICP - AES 测试溶液中重金属铬、镉、铜、镍、铅和锌的浓度。

（二）浸出毒性的测定

浸出液的制备方法根据国家标准《固体废物浸出毒性浸出方法———水平振荡法》（GB 5086.2—1997）执行。

（1）将各危险废物样品研磨制成 5 mm 以下粒度的试样。

（2）称取 10 g 试样，置于锥形瓶中，加去离子水 100 ml，将瓶口密封。

（3）将锥形瓶垂直固定于振荡仪上，调节频率为（110 ± 10）次/min，在室温下振荡浸取 8 h（可根据需要适当调整浸取时间）。

（4）取下锥形瓶，静置 16 h，并于安装好滤膜的过滤装置上过滤，收集全部滤出液。用原子吸收火焰分光光度法或 ICP - AES 测试溶液中重金属的浓度。

五、数据记录与分析

根据测定的危险废物浸出液中重金属的浓度，计算得出危险废物的重金属铬、镉、铜、镍、铅和锌的浸出率 $\eta_{浸}$：

$$\eta_{浸} = \frac{M}{M_0} \times 100\%$$

式中，M_0 为危险废物中重金属物质的量，mg/g；M 为危险废物浸出的重金属物质的量，mg/g。

将测定结果记入表 7-8、表 7-9 中。

表 7-8　溶液中重金属浓度测定结果

项目	铬	镉	铜	镍	铅	锌
空白浓度/($mg \cdot L^{-1}$)						
样本浓度/($mg \cdot L^{-1}$)						

表7-9　浸出液中重金属浓度测定结果

项目	铬	镉	铜	镍	铅	锌
空白浓度/(mg·L⁻¹)						
样本浓度/(mg·L⁻¹)						

六、思考题

（1）测试危险废物的重金属浸出毒性有何意义？

（2）哪些因素会影响危险废物的浸出率？

第三篇　设计性实验篇

第八章 不同工艺处理印染废水的效果比较

印染废水具有水量大、有机污染物浓度高、色度深、碱性大、水质变化大、成分复杂等特点，属较难处理的工业废水之一。本设计实验以工业印染废水为实验对象，采用不同的污水处理工艺对其进行处理，比较不同工艺的处理效果，选出最优的处理方法。

实验二十七 聚合氯化铝（PAC）和聚丙烯酸胺（PAM）处理印染废水的絮凝实验

一、实验设备及药剂

（1）设备：混凝实验搅拌仪、紫外可见分光光度仪、分析天平。

（2）药剂：聚合氯化铝（PAC）、聚丙烯酸胺（PAM）、亚甲基蓝染料。

二、实验方法

称取一定量的染料样品，配成 100 mg/L 的储备液，在冰箱中存储。取一定量的储备液，稀释到 20 mg/L，放在两烧杯中，然后分别投入聚合氯化铝 25~100 mg/L、聚丙烯酸胺 5~20 mg/L 的絮凝剂，以及聚合氯化铝和聚丙烯酸胺两者的混合作对比。投加时快速搅拌（100 r/min）1 min，使絮凝剂与水样充分混合后转为慢速搅拌（50 r/min），一般只需 0.5~1 min 就可见到大絮体形成。静置沉降后取上清液，使用分光光度计测试，测试波长为 664 nm。记录实验结果并进行分析。

实验二十八　Fenton 法降解染料实验

一、基本原理

羟基自由基具有很强的氧化性，二价铁离子与过氧化氢反应，可以产生大量的自由基，从而可以降解有机污染物，其基本化学反应如下：

$$Fe^{2+} + H_2O_2 \rightarrow Fe^{3+} + \cdot OH + OH^-$$

$$\cdot OH + dye \rightarrow 产物$$

$$Fe^{2+} + \cdot OH \rightarrow Fe^{3+} (OH)^{2+}$$

$$H_2O_2 + \cdot OH \rightarrow HO_2 \cdot + H_2O$$

$$2 \cdot OH \rightarrow H_2O_2$$

$$Fe^{3+} + H_2O_2 \rightarrow O_2 \cdot^- + Fe^{2+} + 2H^+$$

$$HO_2 \cdot + H^+ + Fe^{2+} \rightarrow H_2O_2 + Fe^{3+}$$

$$HO_2 \cdot + Fe^{3+} \rightarrow O_2 + Fe^{2+} + H^+$$

$$2HO_2 \cdot \rightarrow H_2O_2 + O_2$$

二、实验设备及试剂

（1）实验设备：紫外可见分光光度仪、精密 pH 计、分析天平。
（2）试剂：硫酸亚铁、过氧化氢（30 wt. %）、亚甲基蓝染料。

三、实验方法

称取一定量的染料样品，配成 100 mg/L 的储备液，在冰箱中存储。取一定体积的染料溶液，稀释到 20 mg/L，反应的体积为 100 mL。加入二价铁离子（Fe^{2+}）溶液，用氯化氢或氢氧化钠调节反应体的 pH 值为 3.0，加入过氧化氢启动反应；计时取样，取样体积为 5 mL，计时间隔为 5 min。取出溶液后立刻进行吸光度测试，测试波长为 664 nm。反应体系中的 Fe^{2+} 浓度为 0.05 mmol/L，过氧化氢的浓度为 15 mmol/L。记录实验结果并进行分析。

实验二十九　臭氧氧化法处理印染废水实验

一、实验原理

（一）臭氧的特点

氧化能力强，对除臭、脱色、杀菌、去除有机物都有明显的效果；处理后废水中的臭氧易分解，不产生二次污染；制备臭氧的空气和电不必贮存和运输，操作管理也比较方便。

（二）臭氧处理印染废水处理的原理

普遍存在于印染废水中的偶氮染料稳定性高、水溶性大，是一种难降解的有机物。传统的化学氧化法和生物法难以取得令人满意的效果。臭氧的氧化性极强，在自然界中其氧化还原电位仅次于氟，常用于工业废水的杀菌消毒、除臭、脱色等。臭氧化技术作为一种高级氧化技术近年来被用于去除染料和印染废水的色度和难降解有机物。其反应原理主要是通过活泼的自由基与污染物反应，使染料的发色基团中的不饱和键断裂，生成分子量小、无色的有机酸、醛等中间产物，这些中间产物难以被臭氧彻底矿化，但能够被微生物进一步降解，所以臭氧化处理可以作为印染废水的预处理阶段，提高废水的可生化性。

二、实验装置

臭氧氧化实验装置一套、紫外可见分光光度仪、分析天平。

三、实验方法

（1）熟悉装置流程、仪器设备和管路系统，并检查连接是否完好。

（2）开启电源，按要求产量调节机器内调压器至所需电压（切记此时不能开臭氧开关，高压危险）。

（3）调好调压器后关闭机门，然后再开启臭氧发生器启动开关。

（4）向 20 mg/L 染料溶液中通入臭氧，计时取样，取样体积为 5 mL，计时间隔为 5 min。用分光光度计在 664 nm 处测定水吸光度。

（5）实验完毕后关机顺序：首先关闭臭氧开关（先降压、再停电）；然后停冷却水，让无油空压机吹起 10 min，将放电室潮气吹出；最后再停气源，并关闭有关阀门。

实验三十　印染废水活性炭静态吸附实验

实验步骤请参照本书第二章实验三　活性炭静态吸附实验。处理对象为 20 mg/L 的亚甲基蓝溶液。

第九章　固体废物焚烧、热解和特性分离

实验三十一　固体废物焚烧与热解实验

固体废物在焚烧和热解过程中，有机成分在高温条件下进行分解破坏，实现快速、显著减容。与普通焚烧法相比，其热解过程产生的二次污染少。热解生成气或液体燃料在空气中燃烧与固体废物直接燃烧相比，不仅燃烧效率高，所引起的污染也低。热解是有机物在无氧或缺氧状态下加热，使固体废物分解为气、液、固 3 种形态的混合物的化学分解过程。《国家危险废物名录》把垃圾焚烧飞灰列为危险废物，编号为 HW18。

一、实验目的

（1）了解焚烧和热解的概念。
（2）熟悉焚烧和热解过程的控制参数。

二、实验原理

（一）焚烧

焚烧炉内温度控制在 980 ℃左右，焚烧后体积比原来可缩小 50% ~ 80%，分类收集的可燃性垃圾经焚烧处理后甚至可缩小 90%。近年来，将焚烧处理与高温（1 650 ~ 1 800 ℃）热分解、融熔处理结合，以进一步减小体积。

据文献报道，每吨垃圾焚烧后会产生大约 5 000 m^3 的废气，还会留下原有体积一半左右的灰渣。垃圾焚烧后只是把部分污染物由固态转化成气态，其重量和总体积不仅未缩小，还会增加。焚烧炉尾气中排放的上百种主要污染物组成极其复杂，其中含有许多温室气体和有毒物。当今最好的焚烧设备，在运转正常的情况下，也会释放出数十种有害物质，仅通过过滤、水洗和吸附法很难全部净化，尤其是二噁英类污染物，属一级致癌物。此外，焚烧法的巨额耗资和对资源的浪费不适合我国和众多发展中国家的国情。建设一座大中型焚烧炉动辄要十多亿元，建成投产后的环保的处理成本大约为 300 元/吨。

（二）热解

热解是有机物在无氧或缺氧状态下加热，使固体废物分解为气、液、固 3 种形态的混合物的化学分解过程。其中气体是以氢气、一氧化碳、甲烷等低分子碳氢化合物为主的可燃性气体；液体是在常温下为液态的包括乙酸、丙酮、甲醇等化合物在内的燃料油；固体为纯碳与玻璃、金属、土、砂等混合形成的炭黑。

固体废物的热解与焚烧相比有以下优点：

（1）可以将固体危险废物中的有机物转化为以燃料气、燃料油和炭黑为主的储存性能源。

（2）由于是缺氧分解，排气量少，故有利于减轻对大气环境的二次污染。

（3）废物中的硫、重金属等有害成分大部分被固定在炭黑中。

（4）氮氧化合物的产生量少。

三、实验设备及用具

（一）实验装置

实验装置为一套自制的装置，主要由控制装置、热解炉和液体冷凝收集系统 3 部分组成。热解炉可选取卧式或立式电炉，要求炉管能承受 800 ℃以上的高温，炉膛密闭。液体冷凝装置要求有一定的耐腐蚀能力。

（二）实验材料及设备

1. 实验材料

可以选取普通混合收集的城市有机生活垃圾，也可选取纸张、塑料、橡胶等单类别的垃圾。

2. 实验设备

（1）烘箱 1 台。

（2）电解装置 1 台。

（3）100 mL 量筒 1 个。

（4）电子天平 1 台。

四、实验方法

（1）称取两股若干物料（树枝）并称重（30 g），并将物料分别装入马弗炉和热解炉。

（2）接通电源。升温速度为 25 ℃/min，将炉温升到 280 ℃，恒温 10 min。

（3）20 min 内，将两炉的温度分别从 280 ℃升高到 680 ℃（观察升温过程中的实验现象）。680 ℃恒温 10 min，然后断电。

（4）待两炉自然降温后（不得立即开启炉膛），观察热处理产物，并称重。

（5）数据记录、结果分析与讨论

五、思考题

（1）焚烧和热解的区别是什么？对于高热值的城市生活有机垃圾，你会采用什么方案进行最终处置？为什么？

（2）垃圾焚烧处置会产生焚烧飞灰，焚烧飞灰为无机物质，主要由浮尘、重金属盐和不充分燃烧所产生的炭黑等组成。另外，焚烧产生的二噁英也大部分存在于飞灰中。《国家危险废物名录》把垃圾焚烧飞灰列为危险废物，编号为 HW18。请设计方案对焚烧飞灰进行最终处置。

（3）城市生活垃圾的最终处置的方法有哪些？你认为：对于广州市，最好的城市垃圾的处理方法是什么？为什么？

（4）对于农村废弃秸秆等固体废物，你有什么好的处理方法吗？请说明。

实验三十二　固体废物特性分离实验
——城市污泥特性分析

一、实验目的

　　本实验为设计研究性实验。学生通过自主设计分析城市污水处理厂污泥（以下简称城市污泥）的流程方法，测定城市污泥的主要物质组成及其物理化学性质，并通过结果分析城市污泥的特征，探讨城市污泥资源化途径。通过本实验的训练，使学生了解固体废物资源化的技术原理和特点，掌握固体废物资源化的利用途径。

二、实验原理

　　固体废物资源化的实质是依据固体废物中的有关组分特征，利用这些组分制作可供利用的工业产品，达到物质循环利用的目的。

　　首先分析了解所要研究的固体废物的组分特征，再根据组分特征，通过查询相关资料，分析其可能的利用途径、技术方法；制定实验研究方案，通过实验验证方案的可行性并找出工艺参数。

　　固体废物资源化的原则：尽可能多地利用固体废物中所有的组分，同时容易工业化生产，不产生二次污染。

三、实验设备及用品

　　（1）100 mL、500 mL、1 000 mL 量筒各 1 个。

　　（2）100 mL、500 mL、1 000 mL 玻璃烧杯各 3 个。

　　（3）100 mL、500 mL 坩埚各 4 个。

　　（4）容量瓶若干。

　　（5）移液管、滴定管若干。

　　（6）漏斗、定性和定量滤纸。

　　（7）100 mL、500 mL 密度瓶各 4 个。

（8）0.5 mm、0.2 mm、200 目标准筛各 1 个。

（9）25 mL、50 mL 具塞比色管各 6 个。

（10）污水处理厂压滤污泥 2 000 g。

（11）铬、镉、铅、铜、锌、镍标准溶液。

（12）氢氧化钠 1 000 g。

（13）硫酸 1 000 mL。

（14）盐酸 1 000 mL。

（15）碳酸氢钠 1 000 g。

（16）磷酸二氢钾硼砂标准物质（pH 计校准用）。

（17）硝酸 500 mL，磷酸 500 mL。

（18）高锰酸钾 100 g。

（19）氯化铵 1 000 g。

（20）硫酸钠 1 000 g。

（21）擦镜纸若干。

（22）抗坏血酸 100 mL。

（23）钼酸铵 500 g。

（24）酒石酸锑氧钾 100 g。

（25）磷酸二氢钾（优级纯）100 g。

（26）过硫酸钾 1 000 g。

（27）硝酸钾（优级纯）100 g。

四、实验方法

（一）查询文献资料

通过查询文献资料确定分析方法及程序，实验报告中的参考文献（中英文）不少于 10 篇。

（二）实验材料的准备

根据文献资料查询的结果，准备所需实验材料。

（三）实验内容

（1）污水厂污泥的含水率。

（2）污水厂污泥的水溶性。

（3）污水厂污泥浸出液 pH 值和典型重金属污染物的含量。

（4）有机物及无机物的含量。

（5）有机物、无机物的主要存在形式（选做）。

（6）容重及密度的测定。

（四）实验数据整理

将实验所取得的数据列表或制成曲线图。

五、实验结果与分析

（1）实验方法的可靠性。

（2）污泥水溶性对环境的影响。

（3）污泥的组成特征与资源化利用的关系。

六、实验报告

要求以小论文（以《环境工程学报》杂志的文章为样本）的形式提交，主要包括以下几部分：

（1）题目（中英文）。

（2）摘要（中英文）。

（3）关键词（中英文）。

（4）前言。

（5）实验材料与仪器设备。

（6）实验方法。

（7）实验结果。

（8）讨论。

（9）结论。

（10）参考文献（不少于 10 篇中英文文献，中英文文献至少各 5 篇）。

《环境工程学报》网址：http://cjee. ac. cn/journal/hjgcxb.

参 考 文 献

［1］奚旦立．环境监测实验［M］．2 版．北京：高等教育出版社，2019.

［2］魏学锋，汤红妍，牛青山．环境科学与工程实验［M］．北京：化学工业出版社，2018.

［3］蒋展鹏，杨宏伟．环境工程学［M］．3 版．北京：高等教育出版社，2013.

［4］陈穗玲，李锦文，曹小安．环境监测实验［M］．广州：暨南大学出版社，2010.

［5］雷中方，刘翔．环境工程学实验［M］．北京：化学工业出版社，2007.

［6］章非娟，徐竟成．环境工程实验［M］．北京：高等教育出版社，2006.

附　　录

附录1 国际单位（SI）制基本单位

量	单位名称	单位符号
长度	米	m
质量	千克（公斤）	kg
时间	秒	s
	分	min
	小时	h
	天	d
温度	摄氏温度	℃
	热力学温度（开尔文）	K
物质的量	摩尔	mol
频率	赫兹	Hz
力	牛顿	N
压强	帕斯卡	Pa
能、功、热量	焦耳	J
功率、辐（射）通量	瓦特	W
电量、电荷	库仑	C
电位（电势）、电压、电动势	伏特	V
旋转速度	转每分	r/min
体积	升	L
级差	分贝	dB

附录 2　水中理化指标测定

一、水温——水温计法

温度为现场测定项目之一，常用的测量仪器有水温计和颠倒水温计，前者用于地表水、污水等浅层水温的测量，后者用于湖库等深层水温的测量。此外，还有热敏电阻温度计等。本书介绍水温计法。

（一）实验仪器

水温计为安装于金属半圆槽壳内的水银温度表，下端连接一金属储水杯，使温度表球部悬于杯中。温度表顶端的槽壳带一圆环，拴以一定长度的绳子。通常测量范围为 −6 ~ 40℃，分度为 0.2℃。

（二）实验步骤

将水温计插入一定深度的水中，放置 5 min 后，迅速提出水面并读取温度值。当气温与水温相差较大时，应注意立即读数，避免受气温的影响。必要时，重复插入水中，多次读数。

（三）注意事项

（1）在冬季的东北地区读数应在 3 s 内完成，否则水温计表面形成一层薄冰，影响读数的准确性。

（2）当现场气温高于 35 ℃ 或低于 −30 ℃ 时，水温计在水中的时间要适当延长，以达到温度平衡。

二、色度——稀释倍数法

关于色度的描述，为说明工业废水的颜色种类，如深蓝色、棕黄色、暗黑色等，可用文字描述。为定量说明工业废水色度的大小，采用稀释倍数法表示色度。即将工业废水按一定的稀释倍数，用水稀释到接近无色，记录稀释倍数，以此表示该水样的色度，单位为倍。

干扰及消除：如测定水样的"真实颜色"，应放置澄清后，取上清液或用孔径为 0.45 μm 的滤膜过滤，也可以离心后测定。如测定水样的"表观颜色"，应待水样中的大颗粒悬浮物沉降后，取上清液测定。

色度测定的方法有铂钴标准比色法和稀释倍数法两种。测定较清洁的带有黄色色调的天然水和饮用水的色度，用铂钴标准比色法，以度数表示结果，即在每升溶液中含有 2 mg 六水合氯化钴（相当于 0.5 mg 钴）和 1 mg 铂时产生的颜色为 1 度。此方法操作简单，标准色列的色度稳定、易保存。对受工业废水污染的地表水和工业废水，可用文字描述颜色的种类和深浅程度，并以稀释倍数法测定色的强度。本书介绍稀释倍数法。

（一）实验仪器

50 mL 具塞比色管，其标线高度要一致。

（二）实验步骤

（1）取 100～150 mL 澄清水样置于烧杯中，以白色瓷板或纸片为背景，观测并描述其颜色种类。

（2）分取澄清的水样，用水稀释成不同倍数，分取 50 mL 分别置于比色管中，管底部衬一白瓷板或白纸，由上向下观察稀释后水样的颜色，并与蒸馏水相比较，直至刚好看不出颜色，记录此时的稀释倍数。

（三）注意事项

要注意水样的代表性，所取水样应无树叶、枯枝等漂浮杂物。将水样盛于清洁、无色的玻璃瓶内，尽快测定，否则应在 4℃下保存，48 h 内测定。

三、臭——文字描述法

臭是检验原水和处理水质的必测项目之一。人体嗅觉细胞受刺激产生臭的感觉是化学刺激，嗅觉是由产臭物质的气态分子在鼻孔中的刺激所引起的。水中产生臭的一些有机物和无机物，主要是由于生活污水或工业废水污染、天然物质分解或微生物生命活动的结果。某些物质只要存在零点几微克/升时即可察觉。然而，很难鉴定产臭物质的组成。检验臭的方法有文字描述法、臭阈值法。本书介绍文字描述法。

（一）实验仪器

（1）1 000 W 可控电炉。
（2）0 ~ 100 ℃温度计。
（3）250 mL 锥形瓶。

（二）实验试剂

无臭水；去离子水。

（三）实验步骤

（1）量取 100 mL 水样置 250 mL 锥形瓶内，用温水或冷水在瓶外调节水温至（20 ±2）℃，振荡瓶内水样，从瓶口闻水的气味。必要时，可用无臭水对照。用适当文字描述臭的特征特性，并按 6 个等级记录臭强度。
（2）取一个小漏斗放在瓶口，把瓶内水样加热至沸腾后立即取下，稍冷后，再闻水的气味，用适当文字描述臭的特征特性，并按 6 个等级记录臭强度。

（四）实验结果记录

（1）文字定性描述。
（2）臭强度表描述（附表 2）。

附表 2　臭强度表

等级	强度	说明
0	无	无任何气味
1	微弱	一般饮用者难以察觉，嗅觉敏感者可以察觉
2	弱	一般饮用者刚能察觉
3	明显	已能明显察觉，不加处理不能饮用
4	强	有很明显的臭味
5	很强	有强烈的恶臭

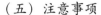

（五）注意事项

（1）文字描述法是粗略的检臭法。由于各人的嗅觉感受程度不同，所得结果会有一定出入。

（2）每个人的睡眠、是否感冒等身体状况对检验结果也有影响，应尽力避免个人身体差异对检验结果的影响。

（3）水样存在余氯时，可在脱氯前后各检验一次。可用新配制的 3.5 g/L 硫代硫酸钠溶液脱氯，1 mL 此溶液可去除 1 mg 余氯。

（4）水样应采集在具塞磨口的玻璃瓶中，在 6 h 内完成臭的检验。如需要保存水样，则至少采集 500 mL 于玻璃瓶并充满，4℃下冷藏，并确保冷藏时没有外来气味进入水中。不能用塑料容器盛水样。

四、浊度——浊度计法

浊度是由于水中含有泥沙、黏土、有机物、无机物、浮游生物和微生物等悬浮物质所造成的，这些悬浮物质可使光散射或吸收。天然水经过混凝、沉淀和过滤等处理，可以变得清澈。测定水样浊度可用分光光度法、目视比浊法或浊度计法。本书介绍浊度计法。

（一）实验仪器

浊度仪：2100NTU 型。

（二）实验步骤

（1）仪器的校准：仪器使用前需进行校正，这一步通常由实验室校准。具体的操作如下：打开开关（仪器背面）→开机→选择 NTU→量程选择，按【RANGE】键→选自动量程，按【AUTORNG】键→选信号平均，按【SIGNAL】键→仪器校正，按【CAL】键→显示（S0 = 00.00）→按【ENTER】键（显示倒数 60→0）→放入标准 S1（显示 20.0）→按【ENTER】键（显示 60→0）→依次使用标准 S2、标准 S3、标准 S4、标准 S5 逐一校正→校正完毕，按【CAL】键退出。

（2）水样的测定：开机【ENTER】→量程选择【RANGE】→选自动量程【AUTORNG】→信号平均【SIGNAL】→放样品（样品量至少 30 mL，用绒布揩于样品瓶表面，除去水滴、指纹、油污、脏物等，将样品瓶外壁表面滴一滴硅油均匀浸润，并用软布轻拭，使均匀并无液体状痕迹。注意样品瓶上的三角标志应与样品槽的箭头方向一致）→盖上盖→按【ENTER】键→读数（稳定后）。

（3）若读数在仪器量程范围内，可直接读数；若读数超出测量范围，需进行稀释（用无浊度水定容至 100 mL）后重新测定。

（三）计算

若水样经过稀释，计算原始水样的浊度公式如下：

$$浊度 = T \times 100/V$$

式中，浊度的单位为 NTU；T 为稀释后所测得的浊度值；V 为稀释时原水样的取样体积，mL。

（四）注意事项

（1）水样应采集在具塞磨口的玻璃瓶中，并尽快分析。如需要保存水样，可在 4℃ 以下冷藏，暗处保存 24 h。测试前要激烈振荡水样并恢复到室温。

（2）当出现漂浮物和沉淀物时，读数将不准确；气泡和振动将会破坏样品的表面，得出错误的结论；有划痕或污垢的比色皿都会影响测定结果。

（3）用待测水样将比色管冲洗两次，再将待测水样沿着比色管边缘慢慢倒入，以减少气泡产生，然后拧紧比色管盖。拧紧盖子的力度不宜过大，手感拧紧即可。

（4）读完数后将废弃的样品倒掉，避免腐蚀比色管。

（5）为了获得有代表性的水样，取样前轻轻搅拌水样，使其均匀，禁止振动（防止产生气泡和悬浮物沉淀）。

五、透明度——铅字法

透明度是指水样的澄清程度。清洁的水是透明的，水中存在悬浮物和胶体时，透明度便降低。通常地下水的透明度较高。由于供水和环境条件不同，水样的透明度可能不断变化。透明度与浊度相反，水中悬浮物越多，其透明度就越低。透明度测定方法有铅字法和塞氏盘法，本书介绍铅字法。

（一）实验仪器

（1）透明度计：透明度计是一种长 33 cm、内径 2.5 cm 的玻璃筒，筒壁有以 cm 为单位的刻度，筒底有一磨光的玻璃片，筒与玻璃片之间有一个胶皮圈，用金属夹固定。距玻璃筒底部 1～2 cm 处有一放水侧管。

（2）标准印刷字符。

（二）实验步骤

（1）透明度计应在光线充足的实验室内，放在离直射阳光窗户约 1 m 的地点。

（2）将振荡均匀的水样立即倒入筒内至 30 cm 处，从筒口垂直向下观察，如不能清楚地看见印刷字符，缓慢地放出水样，直到能刚好辨认出字符为止。记录此时水柱高度的厘米数，估读至 0.5 cm。

（三）计算

透明度以水柱高度的厘米数表示。以超出 30 cm 能看清楚印刷字符作为透明水样。

（四）注意事项

铅字法受检验人员的主观影响较大，照明等条件应尽可能一致，取多次或多人测定结果的平均值。

六、pH 值——复合电极法

测定 pH 值通常采用玻璃电极法和比色法。比色法简单，但受色度、浊度、胶体物质、氧化剂、还原剂和盐度的干扰。玻璃电极法基本上不受以上因素的干扰，但要使用与水样的 pH 值相近的标准溶液进行校正。本书介绍复合电极法。

（一）实验仪器

（1）pH 计。
（2）复合玻璃电极。
（3）50 mL 烧杯，最好是聚乙烯或聚氯乙烯烧杯。

（二）实验试剂

（1）去离子水。

（2）NIST 标准缓冲溶液，pH = 4.01、6.86、9.18，或 USA 标准缓冲溶液，pH = 4.01、7 00、10.01。

（三）实验步骤

（1）仪器的准备：连接传感器电极→连接温度探头→连接电极支架→连接适配器。

（2）测量前要进行仪器的校准。此步骤一般由实验室工作人员完成。具体的操作如下：

打开开关，按【ON/OFF】键→选择测量模式，按【MODE】键（选 pH）→选择 pH 标准缓冲溶液→取电极橡胶保护套（小心不要太过用力以免损坏电极，当电极不用时要及时放进橡胶保护套内)→用去离子水仔细冲洗电极，用吸水纸吸干水，不要擦拭电极以免玻璃表面产生静电。

①一点校正：

选择一种与水样 pH 值相近的标准缓冲溶液（如：pH = 4.01），将一部分标准溶液倒入干净的 50 mL 烧杯中，将复合电极和温度补偿探头伸入溶液中，轻轻搅动电极使溶液尽量均匀。

按【CAL/MEAS】键进入校准模式，这时液晶板上有 2 个数值，上方的表示测量值，下方是用来校准的溶液的 pH 值。等待上方的测量值稳定下来，即液晶板上左手边的【READY】指示器亮。

按【ENTER】键，上方会瞬时闪动显示校准值，则校准点被成功地储存在仪器中（仪器自动识别在 SETUP 模式下设定的标准缓冲溶液）。

按【CAL/MEAS】键，回到测量模式，开始测量水样。如果不能确认校准结果就要退出，不要按【ENTER】键，而是按【CAL/MEAS】键。

②两点到三点校准：

在以上校准模式下，用去离子水仔细冲洗电极，用吸水纸吸干水，将复合电极和温度补偿探头伸入下一种 pH 值溶液中（如：pH = 7.00），其余操作与一点校准操作相同，进行两点校准。校准完毕，按【CAL/MEAS】键回到测量模式，开始测量水样。

如需要三点校准，再用去离子水仔细冲洗电极，用吸水纸吸干，把复合电极和温度补偿探头伸入下一种 pH 值溶液中（如：pH = 10.01），其余操作与一点校准操作相同，进行三点校准。全部校准完毕，仪器会自动切换到测量模式，开始测量水样。

（3）水样的测量：将采集后的水样倒入干净的 50 mL 烧杯中，打开仪器开关，按【ON/OFF】键选择测量模式，按【MODE】键（选 pH）。先用去离子水仔细冲洗电极，用吸水纸吸干，把复合电极和温度补偿探头伸入水样中，轻轻摇动使水样尽量均匀。待读数稳定后记录 pH 值。

（四）注意事项

（1）仪器使用前需先打开预热 30 min。

（2）测定时，复合电极及温度补偿探头的末端必须要没入溶液中。

（3）注意电极的出厂日期和使用期限，存放或使用时间过长的电极性能将变差。

（4）电极受污染时，可用低于 1 mol/L 稀盐酸溶解无机盐垢，可用稀洗涤剂除去有机油脂类的物质，可用稀乙醇、丙酮、乙醚除去树脂高分子物质，可用酸性酶溶液（如食母生片）除去蛋白质血球沉淀物，可用稀漂白液、过氧化氢除去颜料类物质等。

（5）复合玻璃电极不用时必须套上盛有饱和氯化钾溶液的电极橡胶保护套。保证电极浸泡在饱和氯化钾溶液中。

七、电导率——便携式电导率仪法

电导率是以数字表示溶液传导电流的能力。纯水电导率很小，当水中含无机酸、碱或盐时，电导率增加，因此电导率常用于间接推测水中离子成分的总浓度。水溶液的电导率取决于离子的性质和浓度、溶液的温度和黏度等。电导率测定的方法为电导率仪法。一般有台式和便携式两种。本书介绍便携式电导率仪法。

（一）实验仪器

防水型电导率测试笔。

（二）实验试剂

（1）去离子水。

（2）仪器配套的校正溶液。

（三）实验步骤

（1）仪器使用前需进行校准：仪器校准具体参考仪器使用说明书。

（2）水样测定：仪器校准后，用蒸馏水清洗电导率仪的电极，吸干水分。在烧杯中倒入足够的水样，使水样浸过电极上的小孔。电极触底确保排除电极套内的气泡，几分钟后达到平衡。记录测得的电导率值。

（3）测量完毕，关闭仪器，清洗电极，吸干水分，套上电极保护套。

（四）注意事项

（1）电导率随温度变化而变化，温度每升高1℃，电导率增加2%，通常规定25 ℃为测定电导率的标准温度。

（2）确保测量前仪器已经校准。如更换电池，需重新校准仪器。

（3）电极插入水样中，注意电极上的小孔必须浸泡在水面以下。最好使用塑料的容器盛装待测的水样。

（4）新蒸馏水电导率为0.5~2 μS/cm。存放一段时间后，电导率可上升至2~4 μS/cm；饮用水电导率为5~1 500 μS/cm；海水电导率大约为30 000 μS/cm；清洁河水电导率约为100 μS/cm。

八、酸度——酸碱指示剂滴定法

地表水中由于溶入二氧化碳，或由于机械、选矿、电镀、农药、印染、化工等行业排放含酸废水的进入，致使水体的pH值降低。由于酸的腐蚀性，破坏了鱼类及其他水生生物和农作物的正常生存条件，造成鱼类和农作物等死亡。含酸废水可腐蚀管道，破坏建筑物。因此，酸度是衡量水体变化的一项重要指标。

在水中，由于溶质（无机酸类、硫酸亚铁和硫酸铝等）的解离或水解而产生的氢离子与碱标准溶液作用至一定pH值所消耗的量，定为酸度。酸度数值的大小随所用指示剂指示终点pH值的不同而异。滴定终点的pH值有两种规定，即8.3和3.7。用氢氧化钠溶液滴定到pH = 8.3（以酚酞作指示剂）的酸度称为酚酞酸度，又称总酸度，它包括强酸和弱酸。用氢氧化钠溶液滴定到pH = 3.7（以甲基橙作指示剂）的酸度称为甲基橙酸度，代表一些较强酸的酸度。

（一）实验仪器与试剂

（1）25 mL或50 mL碱式滴定管。

（2）250 mL锥形瓶。

（3）新制备的蒸馏水。

（4）0.05% 甲基橙指示剂：称取 0.05 g 甲基橙，溶于 100 mL 水中。储于滴瓶中保存。

（5）0.5% 酚酞指示剂：称取 0.5 g 酚酞，溶于 50 mL 95% 乙醇中，用水稀释至 100 mL。储于滴瓶中保存。

（6）氢氧化钠标准溶液（0.1 mol/L）：称取 2.0 g 氢氧化钠溶于 100 mL 无二氧化碳水中，定容至 500 mL。转入聚乙烯塑料瓶中保存。

标定：称取在 105～110℃下干燥过的基准试剂邻苯二甲酸氢钾（$KHC_8H_4O_4$）0.5 g（称准至 0.000 1 g），置于 250 mL 锥形瓶中，加无二氧化碳水 100 mL 使之溶解；加入 4 滴酚酞指示剂，用待标定的氢氧化钠标准溶液滴定至浅红色为终点；同时用无二氧化碳水做空白滴定，按下式计算：

$$C_{NaOH} = \frac{m \times 1000}{(V_1 - V_0) \times 204.23}$$

式中，C_{NaOH} 为氢氧化钠溶液的浓度，mol/L；m 为称取的邻苯二甲酸氢钾的质量，g；V_0 为滴定空白时，所需氢氧化钠标准溶液体积，mL；V_1 为滴定邻苯二甲酸氢钾时，所需氢氧化钠标准溶液体积，mL；204.23 为邻苯二甲酸氢钾摩尔质量，g/mol。

（7）氢氧化钠标准溶液（0.020 0 mol/L）：吸取 50 mL 已标定过的 0.1 mol/L 氢氧化钠标准溶液，用无二氧化碳水稀释定容至 250 mL，转入聚乙烯瓶中保存。

（二）实验步骤

（1）取适量水样置于 250 mL 锥形瓶中，用无二氧化碳水稀释至 100 mL；瓶下放一白瓷板，向锥形瓶中加入 2 滴甲基橙指示剂，用上述 0.020 0 mol/L 氢氧化钠标准溶液滴定至溶液由橙红色变为橘红色为终点，记录氢氧化钠标准溶液用量（V_3）。

（2）另取一份同样的水样置于 250 mL 锥形瓶中，用无二氧化碳水稀释至 100 mL，向锥形瓶中加入 4 滴酚酞指示剂；用上述 0.020 0 mol/L 氢氧化钠标准溶液滴定至溶液刚变为浅红色为终点，记录氢氧化钠标准溶液用量（V_4）。如水样中含硫酸铁、硫酸铝，加酚酞后煮沸 2min，趁热滴定至红色。

（三）计算

计算甲基橙酸度和酚酞酸度：

$$甲基橙酸度 = \frac{C \times V_3 \times 50.05}{V} \times 1\,000$$

$$酚酞酸度 = \frac{C \times V_4 \times 50.05}{V} \times 1\,000$$

式中，C 为氢氧化钠标准溶液浓度，mol/L；V_3 为用甲基橙作滴定指示剂时，消耗氢氧化钠标准溶液体积，mL；V_4 为用酚酞作滴定指示剂时，消耗氢氧化钠标准溶液体积，mL；V 为水样体积，mL；50.05 为碳酸钙摩尔质量（1/2 碳酸钙，g/mol）。

甲基橙酸度和酚酞酸度均以碳酸钙当量表示，mg/L。

（四）注意事项

（1）采集的样品用聚乙烯瓶或硅硼玻璃瓶储存，并使试样充满不留空间，盖紧瓶盖。若为废水样品，接触空气易引起微生物活动，容易减少或增加二氧化碳及其气体，最好在 1 d 之内分析完毕。对生物活动明显的水样，应在 6 h 内分析完毕。

（2）水样取用体积，参考滴定时所消耗氢氧化钠标准溶液的用量，以 10～25 mL 为宜。

九、碱度——酸碱指示剂滴定法

水的碱度是指水中所含能与强酸定量作用的物质总量。碱度指标常用于评价水体缓冲能力及金属在其中的溶解性和毒性，是对水和废水处理过程控制的判断性指标。用标准酸滴定水中碱度是各种方法的基础，其中有两种常用的方法：酸碱指示剂滴定法和电位滴定法。电位滴定法根据电位滴定曲线在终点时的突跃，确定特定 pH 值下的碱度，它不受水样的浊度、色度影响，适用范围广。用酸碱指示剂判断滴定终点的方法简便快捷，适用于控制性试验及例行分析。本书介绍酸碱指示剂滴定法。

（一）实验仪器与试剂

（1）50 mL 碱式滴定管。

（2）250 mL 锥形瓶。

（3）新制备的蒸馏水。

（4）0.5% 酚酞指示剂：称取 0.5 g 酚酞，溶于 50 mL 95% 乙醇中，用水稀释至 100 mL，储于滴瓶中保存。

（5）0.05% 甲基橙指示剂：称取 0.05 g 甲基橙，溶于 100 mL 水中，储于滴瓶中保存。

（6）碳酸钙标准溶液（1/2 碳酸钙 = 0.025 0 mol/L）：称取 0.132 5 g（于 250℃烘干 4 h）的基准试剂无水碳酸钠，溶于少量无二氧化碳水中，移入 100 mL 容量瓶中，用水稀释至标线；摇匀，储于聚乙烯瓶中，保存时间不要超过一周。

（7）盐酸标准溶液（0.025 0 mol/L）：用分度吸管吸取 1.1 mL 浓盐酸（$\rho = 1.19$ g/mL），并用蒸馏水稀释至 500 mL，此溶液浓度等于 0.025 0 mol/L。其准确浓度按下法标定：用分度吸管吸取 25 mL 碳酸钠标准溶液于 250 mL 锥形瓶中；加无二氧化碳水稀释至 100 mL，加入 3 滴甲基橙指示剂，用盐酸标准溶液滴定至由橘黄色刚变为橘红色，记录盐酸标准溶液用量，按下式计算其准确浓度：

$$C_{HCl} = \frac{25.00 \times 0.025}{V_1}$$

式中，C_{HCl} 为盐酸标准溶液的浓度，mol/L；V_1 为盐酸标准溶液用量，mL。

（二）实验步骤

（1）分取 100 mL 碳酸钠标准溶液于 250 mL 锥形瓶中，加入 4 滴酚酞指示剂，摇匀。当溶液呈红色时，用盐酸标准溶液滴定至无色，记录盐酸标准溶液用量 V_2，若加酚酞指示剂后溶液无色，则不需要用盐酸标准溶液滴定，并接着进行下面的操作。

（2）向上述锥形瓶中加入 3 滴甲基橙指示剂，摇匀。继续用盐酸标准溶液滴定至溶液由橘黄色刚刚变为橘红色为止，记录盐酸标准溶液用量 V_3。

（三）计算

计算酚酞碱度和总碱度：

$$酚酞碱度 = \frac{C \times V_2 \times 50.05}{V} \times 1\,000$$

$$总碱度 = \frac{C \times (V_2 + V_3) \times 50.05}{V} \times 1\,000$$

式中，V_2 为酚酞作为指示剂时，盐酸标准溶液的用量，mL；V_3 为甲基橙作为指示剂时，盐酸标准溶液的用量，mL；C 为盐酸标准溶液浓度，mol/L；V 为水样体积，mL；50.05 为碳酸钙摩尔质量（1/2 碳酸钙），g/mol。

酚酞碱度和总碱度均以碳酸钙当量表示，mg/L。

四、注意事项

（1）样品采集后应在 4℃ 下保存，分析前不应打开瓶塞，不能过滤、稀释或浓缩。样品应于采集当天进行分析，特别是当样品中含有可氧化阳离子时，应及时分析。

（2）水样浑浊、有色均干扰测定，遇此情况，可用电位滴定法测定。能使指示剂退色的氧化还原物质也干扰测定，例如水样中余氯可破坏指示剂（含余氯时，可加入 1~2 滴 0.1 mol/L 硫代硫酸钠溶液消除）。

（3）若水样中含有游离二氧化碳，则不存在碳酸盐，可直接以甲基橙指示剂进行滴定。

（4）当水样中总碱度 <20 mg/L 时，可改用 0.01 mol/L 盐酸标准溶液滴定，或改用 10 mL 容量的微量滴定管，以提高滴定精度。

附录3　水中溶解氧的测定

——碘量法

溶解在水中的分子态氧称为溶解氧。天然水的溶解氧含量取决于水体与大气中氧的平衡。废水中溶解氧的含量取决于废水排出前的处理工艺过程，一般含量较低，差异很大。鱼类死亡事故多是由于大量受纳污水使水体中耗氧性物质增多，溶解氧降低，造成鱼类窒息死亡，因此溶解氧是评价水质的重要指标之一。

测定水中溶解氧常采用的方法有碘量法及其修正法、膜电极法和现场快速溶解氧仪法。清洁水可直接采用碘量法测定；受污染的地表水和工业废水，必须采用修正的碘量法或膜电极法测定。本书介绍碘量法测定。

一、实验仪器与试剂

（一）实验仪器

（1）250~500 mL 溶解氧瓶或 250 mL 具塞碘量瓶。

（2）250 mL 三角瓶。

（二）试剂

（1）硫酸锰溶液：称取 4.8 g 硫酸锰或 3.64 g 水硫酸锰置于烧杯中，使之溶于水，用水稀释至 10 mL。如将此溶液加至酸化过的碘化钾溶液中，遇淀粉不得产生蓝色（溶液中不含高价锰）。

（2）碱性碘化钾溶液：称取 500 g 氢氧化钠溶解于 300~400 mL 水中，另称取 150 g 碘化钾（或 135 g 碘化钠）溶于 200 mL 水中，待氢氧化钠溶液冷却后，将两溶液合并，混匀，用水稀释至 1 000 mL。如有沉淀，则放置过夜后，倒出上清液，储于黑色塑料瓶中，盖紧瓶盖，避光保存。此溶液酸化后，遇淀粉不应呈蓝色。

（3）（1:5）硫酸溶液（3 mol/L）：将1份浓硫酸在搅拌下缓慢加入到5份去离子水中。

（4）1%淀粉溶液：称取0.2 g可溶性淀粉，用少量水调成糊状，慢慢倒入20 mL沸水中，继续煮沸至溶液澄清，冷却后储于试剂瓶中。临用时配。

（5）重铬酸钾标准溶液（1/6 重铬酸钾 = 0.025 mol/L）：称取于105～110℃烘干2 h并冷却的优级纯重铬酸钾1.225 8 g，溶于水，移入1 000 mL容量瓶中用水稀释至标线，摇匀。

（6）硫代硫酸钠溶液：称取0.8 g硫代硫酸钠溶于新煮沸并放冷的水中，加入0.1 g无水碳酸钠，用水稀释至250 mL。储于棕色瓶中，使用前用0.025 mol/L重铬酸钾标准溶液标定。

标定方法如下：于250 mL碘量瓶中，加入100 mL水和1 g碘化钾，加入0.025 mol/L重铬酸钾标准溶液10.00 mL，加入（1:5）硫酸溶液5 mL。密塞、摇匀。于暗处静置5 min后，用硫代硫酸钠溶液滴定至溶液呈淡黄色，加入1%淀粉溶液1 mL。继续滴定至蓝色刚好退去为止，记录用量。计算硫代硫酸钠溶液浓度：

$$C = \frac{10.00 \times 0.025\ 0}{V}$$

式中，C为硫代硫酸钠溶液的浓度，mol/L；V为滴定时消耗硫代硫酸钠溶液的体积，mL。

二、实验步骤

（一）水样的采集与保存

用碘量法测定水中溶解氧，水样常采集到溶解氧瓶（或碘量瓶）中。采集水样时，要注意不使水样曝气或有气泡残存在采样瓶中。可用水样冲洗溶解氧瓶后，沿瓶壁直接倾注水样或用虹吸法将细管插入溶解氧瓶底部，注入水样至溢流出瓶。

注：水样采集后，如不能够立即测定，为防止溶解氧的变化，应立即加固定剂（即硫酸锰和碱性碘化钾）于样品中，并存于冷暗处，同时记录水温

和大气压力。

（二）测定

（1）用吸量管插入注满水样的溶解氧瓶的液面下，加入 1 mL 硫酸锰溶液和 2 mL 碱性碘化钾溶液。盖好瓶塞，颠倒混合数次，静置。待棕色沉淀物降至瓶内一半时，再颠倒混合一次，待沉淀物下降到瓶底。

（2）轻轻打开瓶塞，立即用吸量管插入液面下加入 2.0 mL 浓硫酸，小心盖好瓶塞，颠倒混合摇匀至沉淀物全部溶解为止，放置暗处 5 min。

（3）移取 100.0 mL 上述经（1）和（2）处理过的溶液于 250 mL 锥形瓶中，用已标定的硫代硫酸钠标准溶液滴定至溶液呈淡黄色，加入 1% 淀粉溶液 1 mL，继续滴定至蓝色刚退去为止，记录硫代硫酸钠溶液用量。

三、计算

计算水中的溶解氧含量：

$$DO = \frac{C \times V \times 8 \times 1\,000}{100}$$

式中，DO 为水中的溶解氧含量，mg/L；C 为经标定的硫代硫酸钠溶液浓度，mol/L；V 为测定水样时消耗硫代硫酸钠的体积，mL。

四、注意事项

（1）如果水样中含有氧化性物质（如游离氯大于 0.1 mg/L）时，应预先于水样中加入硫代硫酸钠去除。即用两个溶解氧瓶各取一瓶水样，在其中一瓶加入 5 mL（1∶5）硫酸溶液和 1 g 碘化钾，摇匀，此时游离出碘。以淀粉溶液作指示剂，用硫代硫酸钠溶液滴定至蓝色刚退，记下用量（相当于去游离氯的量）。在另一瓶水样中，加入同样量的硫代硫酸钠溶液，摇匀后，按操作步骤测定。

（2）如果水样呈强酸性或强碱性，可用氢氧化钠或硫酸溶液调至中性后测定。

（3）在溶解棕色沉淀时，酸度要足够，否则碘的析出不彻底，影响测定结果。

（4）硫代硫酸钠溶液不稳定，容易分解。水中的二氧化碳、细菌和光照都能使其分解，水中的氧也能将其氧化。故配制硫代硫酸钠溶液时，最好采用新煮沸并冷却的蒸馏水，以除去水中的二氧化碳和氧气并杀死细菌；加入少量碳酸钠使溶液呈弱碱性，抑制硫代硫酸钠的分解和细菌的生长；贮存于棕色瓶中，避免光照。

附录4　生化需氧量的测定
——稀释接种法

　　生活污水与工业废水中含有大量各类有机物，当其污染水域后，这些有机物在水体中分解时要消耗大量溶解氧，从而破坏水体中氧的平衡，使水质恶化，因缺氧造成鱼类及其他水生生物的死亡。

　　水体中所含的有机物成分复杂，难以一一测定，人们常常利用水中有机物在一定条件下所消耗的氧来间接表示水体中有机物的含量，5天的生化需氧量（BOD_5）即属于这类有机物的重要指标之一。生化需氧量的经典测定方法是稀释接种法。

一、仪器与试剂

（一）仪器

（1）恒温培养箱。

（2）5~20 L 细口玻璃瓶。

（3）1 000~2 000 mL 量筒。

（4）玻璃搅拌棒：棒的长度应比所用量筒高度长 200 mm，在棒的底端固定一个直径比量筒底小并带有若干个小孔的硬橡胶板。

（5）虹吸管：供分取水样和添加稀释水样。

（6）抽气泵：用于稀释水的曝气。

（7）碘量瓶（或溶氧瓶）：250 mL。

（二）试剂

（1）磷酸盐缓冲溶液：称取 8.5 g 磷酸二氢钾、21.75 g 磷酸氢二钾、

33.4 g 七水合磷酸氢二钠和 1.7 g 氯化铵溶于水中，稀释至 1 000 mL，此溶液的 pH 值应为 7.2。

（2）氯化钙溶液：称取 27.5 g 无水氯化钙，溶于水中，稀释至 1 000 mL。

（3）硫酸镁溶液：称取 22.5 g 硫酸镁，溶于水中，稀释至 1 000 mL。

（4）三氯化铁溶液：称取 0.25 g 三氯化铁，溶于水中，稀释至 1 000 mL。

（5）葡萄糖谷氨酸溶液：分别称取 150 mg 葡萄糖和谷氨酸（均于 103℃烘干 1 h）溶于水中，稀释至 1 000 mL。

（6）盐酸溶液（1.0 mol/L）：将 80 mL（$\rho = 1.18$ g/mL）盐酸溶于水，稀释至 1 000 mL。

（7）氢氧化钠溶液（1.0 mol/L）：将 4 g 氢氧化钠溶于水，稀释至 100 mL。

（8）稀释水：在 20 L 玻璃瓶内加入 18 L 水，用抽气泵或无油压缩机通入清洁空气 2~8 h，使水中溶解氧饱和或接近饱和（20℃时溶解氧 >8 mg/L）。使用前，每升水中加入氯化钙溶液、三氯化铁溶液、硫酸镁溶液和磷酸盐溶液各 1 mL。混匀，稀释水 pH 值应为 7.2，生化需氧量值应 <0.2 mg/L。

（9）接种稀释水：取适量生活污水于 20℃放置 24~36 h，上层清液即为接种液；每升稀释水中加入 1~3 mL 接种液即为接种稀释水，对某些特殊工业废水最好加入专门驯化过的菌种。接种稀释水配制后应立即使用。

（10）其他需用溶液：与碘量法测定溶解氧实验相同的硫酸锰溶液、碱性碘化钾溶液、（1:5）硫酸溶液、1% 淀粉溶液、硫代硫酸钠溶液，测定过程详见第四章实验六"水中溶解氧的测定"。

二、实验步骤

（一）水样的采集、储存和预处理

（1）采集水样于适当大小的玻璃瓶中（根据水质情况而定），用玻璃塞塞紧，且不留气泡。采样后，需在 2 h 内测定；否则，应在 4℃或 4℃以下保存，且应在采集后 10 h 内测定。

（2）水样的 pH 值若超出 6.5~7.5，可用 1.0 mol/L 盐酸或氢氧化钠稀溶液调节 pH 值接近 7，但用量不要超过水样体积的 0.5%。若水样的酸度或碱度很高，可改用高浓度的酸或碱液中和。

（3）水样中含有铜、锌、镉、铬、砷、氰等有毒物质时，可使用经驯化的微生物接种液的稀释水进行稀释，或提高稀释倍数以减少毒物的浓度。

（4）含有少量游离氯的水样，一般放置 1～2 h，游离氯即可消失。对于游离氯在短时间内不能消散的水样，可加入亚硫酸钠除去，其加入量由下述方法决定：

取已中和好的水样 100 mL，加入（1∶1）乙酸 10 mL，10% 碘化钾溶液 1 mL，混合均匀，以淀粉溶液为指示剂，用亚硫酸钠溶液滴定游离碘。由亚硫酸钠溶液消耗的体积，计算出水样中应加亚硫酸钠溶液的量。

（5）从水温较低的水域或富营养化的湖泊中采集的水样，可能含有过饱和溶解氧，此时应将水样迅速升温至 20℃ 左右，在不使满瓶的情况下，充分振摇，并时时开塞放气，以赶出过饱和溶解氧。

对于从水温较高的水域或废水排放口采集的水样，则应将水样迅速冷却至 20℃ 左右，充分振摇，使与空气中氧分压接近平衡。

（二）不经稀释的水样的处理

（1）溶解氧含量较高，有机物含量较少的地表水，可不经稀释而直接以虹吸法将约 20℃ 的混合均匀水样转入两个碘量瓶内，转移过程中应注意不产生气泡。以同样的操作使两个碘量瓶充满水样后溢出少许，加塞，瓶内不应留有气泡。

（2）其中一瓶随即测定溶解氧；另一瓶的瓶进行水封后，放入培养箱中，在（20±1）℃ 下培养 5 d，在培养过程中注意添加封口水。

（3）从开始放入培养箱算起，经过 5 d 后，测定剩余的溶解氧。

（三）经稀释水样的处理

（1）确定稀释倍数：根据实践经验，提出下述计算方法，供稀释时参考。
①地表水：由测得的高锰酸盐指数与一定的系数的乘积，即求得稀释倍数，如附表 4 所示。

附表 4　高锰酸盐指数与系数

高锰酸盐指数/(mg·L^{-1})	系数
<5	—
5～10	0.2、0.3
10～20	0.4、0.6
>20	0.5、0.7、1.0

②工业废水：由重铬酸钾法测得的化学需氧量值来确定，通常需做 3 个稀释比。使用稀释水时，由化学需氧量值分别乘以系数 0.075、0.15、0.225，即获得 3 个稀释倍数；使用接种稀释水时，则分别乘以 0.075、0.15、0.25 3 个系数。

（2）水样的稀释：根据确定的稀释倍数，用虹吸法沿量筒壁慢慢加入部分稀释水（或接种稀释水）于 1 000 mL 量筒中，然后加入需要量的均匀水样，再加入稀释水（或接种稀释水）至 800 mL。用特制搅拌棒在水面以下小心上下移动，使水样均匀（不应产生气泡）。移动时勿使搅拌棒的胶板露出水面，防止产生气泡。

（3）水样的测定：将上述已经过稀释的水样，按照不经稀释的水样的测定（2）相同操作步骤进行装瓶，分别测定当天的溶解氧及放入培养箱中，在 (20 ± 1)℃下培养 5 d 后的溶解氧。

（四）空白试验

另取两个预先编好编号的碘量瓶用虹吸法加入稀释水（或接种稀释水）作为空白试验，测定当天及 5 天后的溶解氧。

（五）测定生化需氧量

（略）。

三、计算

（1）不经稀释直接培养的水样为：

$$BOD_5 = C_1 - C_2$$

式中，BOD_5 为 5 天水样的生化需氧量，mg/L；C_1 为水样在培养前的溶解氧浓度，mg/L；C_2 为水样经 5 天培养后，剩余溶解氧的浓度，mg/L。

（2）经稀释后培养的水样：

$$BOD_5 = \frac{(C_1 - C_2) - (B_1 - B_2) \times f_1}{f_1}$$

式中，BOD_5 为水样的生化需氧量，mg/L；C_1 为稀释水样在培养前的溶解氧浓度，mg/L；C_2 为稀释水样经 5 天培养后，剩余溶解氧的浓度，mg/L。B_1 为稀释水（或接种稀释水）在培养前的溶解氧浓度，mg/L；B_2 为稀释水（或接种稀释水）经 5 天培养后，剩余溶解氧浓度，mg/L；f_1 为稀释水（或接种稀释水）在培养液中所占比例；f_2 为水样在培养液中所占比例。

　　注：f_1、f_2 的计算，例如培养液的稀释比为 3%，即 3 份水样，97 份稀释水，则 $f_1 = 0.97$，$f_2 = 0.03$。

四、注意事项

　　（1）本实验操作最好在 20℃ 左右室温下进行，实验用稀释水和水样应保持在 20℃ 左右。

　　（2）在两个或三个稀释比的样品中，凡消耗溶解氧 > 2 mg/L 和剩余溶解氧 > 1 mg/L，计算结果时，应取其平均值；若剩余的溶解氧 < 1 mg/L，甚至为 0 时，应加大稀释比。溶解氧消耗量 < 2 mg/L，有两种可能：①稀释倍数过大；②微生物菌种不适应、活性差，或含毒物质浓度过大，这时可能出现稀释倍数较大的消耗溶解氧反而较多的现象。

　　（3）为检查稀释水和接种液的质量以及化验人员的操作水平，可将 20 mL 葡萄糖—谷氨酸标准溶液用接种稀释水稀释至 1 000 mL，按测定 BOD_5 的步骤操作。测定 BOD_5 的值应为 180 ~ 230 mg/L。否则应检查接种液、稀释水的质量或操作技术是否存在问题。

　　（4）水样稀释倍数超过 100 倍时，应预先在容量瓶中用水初步稀释后，再取适量进行最后稀释培养。

　　（5）玻璃器皿应彻底洗净，先用洗涤剂浸泡清洗，然后用稀盐酸浸泡，最后依次用自来水、蒸馏水洗净。

附录5　化学需氧量的测定

——重铬酸钾法

化学需氧量（COD）是指在强酸性并加热条件下，用重铬酸钾作为氧化剂处理水样时所消耗氧化剂的量，以氧的 mg/L 来表示。化学需氧量反映了水中受还原性物质污染的程度，水中还原性物质包括有机物、亚硝酸盐、亚铁盐、硫化物等。水被有机物污染是很普遍的，因此化学需氧量也作为有机物相对含量的指标之一，但只能反映能被氧化的有机物污染，不能反映多环芳烃、多氯联苯、二噁英类等的污染状况。化学需氧量是我国实施排放总量控制的指标之一。

在强酸性溶液中，用一定量的重铬酸钾氧化水样中的还原性物质，过量的重铬酸钾以试亚铁灵作指示剂，用硫酸亚铁铵溶液回滴。根据硫酸亚铁铵的用量算出水样中还原性物质消耗的量从而测出水样的化学需氧量。

一、实验仪器与试剂

（一）实验仪器

（1）全玻璃波纹回流管，长 30 cm。

（2）250 mL 磨口锥形瓶（如取样量在 30 mL 以上，采用 500 mL 磨口锥形瓶）。

（3）加热装置：电热板或变阻电炉。

（4）50 mL 酸式滴定管。

（5）铁架台 + 同定夹 + 万能夹。

（二）实验试剂

（1）重铬酸钾标准溶液（$1/6K_2Cr_2O_7 = 0.2500$ mol/L）：称取预先在 120℃烘干 2h 的基准或优级纯重铬酸钾 12.258 g 溶于水中，移入 1 000 mL 容量瓶，稀释至标线，摇匀。

（2）试亚铁灵指示液：称取 1.485 g 邻菲罗啉（$C_{12}H_8N_2 \cdot H_2O$ 1，10 – phenanthroline）和 0.695 g 硫酸亚铁（$FeSO_4 \cdot 7H_2O$）溶于水中，稀释至 100 mL，储于棕色瓶内。

（3）＊硫酸亚铁铵标准溶液 $[(NH_4)_2Fe(SO_4)_2 \cdot 6H_2O \approx 0.1$ mol/L]：称取 9.875 g 硫酸亚铁铵溶于水中，边搅拌边缓慢加入 5 mL 浓硫酸，冷却后移入 250 mL 容量瓶中，加水稀释至标线，摇匀。临用前，用重铬酸钾标准溶液标定。

标定方法：准确吸取 10.00 mL 重铬酸钾标准溶液于 250 mL 锥形瓶中，加水稀释至 110 mL 左右，缓慢加入 30 mL 浓硫酸，摇匀，冷却后，加入 3 滴试亚铁灵指示液（0.15 mL），用硫酸亚铁铵标准溶液滴定，溶液的颜色由黄色经蓝绿色至红褐色即为终点。

$$C_{(NH_4)_2Fe(SO_4)_2} = 0.2500 \times 10.00/V$$

式中，$C_{(NH_4)_2Fe(SO_4)_2}$ 为硫酸亚铁铵标准溶液的浓度，mol/L；0.2500 为重铬酸钾标准溶液的浓度，$1/6K_2Cr_2O_7$，mol/L；10.00 为重铬酸钾标准溶液的用量，mL；V 为硫酸亚铁铵标准溶液的用量，mL。

（4）硫酸—硫酸银溶液：于 500 mL 浓硫酸中加入 5 g 硫酸银，放置 1~2 d，不时摇动使其溶解。

（5）硫酸汞：结晶或粉末。

注：带 ＊ 号为学生自己配制的试剂。

二、实验步骤

（1）取 20.00 mL 混合均匀的水样（或适量水样稀释至 20.00 mL）置于 250 mL 磨口的回流锥形瓶中，准确加入 10.00 mL 重铬酸钾标准溶液及数粒洗净的玻璃珠或沸石，连接磨口回流冷凝管。从冷凝管上口慢慢加入 30 mL 硫酸—硫酸银溶液。轻轻摇动锥形瓶使溶液混匀，加热回流 2h（自开始沸腾时计时）。

注意：

①对于化学需氧量高的废水，可先取上述操作所需体积的 1/10 的废水水样和试剂于直径为 15 mm、长为 150 mm 的硬质玻璃试管中，摇匀，加热后观察是否变成绿色。如溶液显绿色，说明六价铬全部氧化（还原）成三价铬，水样稀释倍数不够，应再适当减少废水取样量，直至溶液不变绿色为止，从而确定废水取样量的体积。稀释时，所取废水水样量不得少于 5 mL，如果化学需氧量很高，则废水水样应多次逐级稀释。

②废水中氯离子含量超过 30 mg/L 时，应先把 0.4 g 硫酸汞加入回流锥形瓶中，再加入 20.00 mL 废水（或适量废水水样稀释至 20.00 mL）摇匀。其余操作相同。

（2）冷却后，用 90 mL 水从上部慢慢冲洗冷凝管壁，取下锥形瓶。此时溶液总体积不得少于 140 mL，否则因酸度太大，测定终点不明显。

（3）溶液再度冷却后，加 3 滴试亚铁灵指示液，用硫酸亚铁铵标准溶液滴定，溶液的颜色由黄色变为蓝绿色再变为红褐色即为终点，记录硫酸亚铁铵标准溶液的用量 V_1。

（4）测定水样的同时，以 20.00 mL 重蒸馏水，按同样操作步骤做空白试验。记录滴定空白时硫酸亚铁铵标准溶液的用量 V_0。

三、计算

计算水样化学需氧量：

$$COD = \frac{V_0 - V_1}{V} \times C \times 8 \times 1\,000$$

式中，COD 为水样的化学需氧量，mg/L；C 为硫酸亚铁铵标准溶液的浓度，mol/L；V_0 为滴定空白时硫酸亚铁铵标准溶液的用量，mL；V_1 为滴定水样时硫酸亚铁铵标准溶液的用量，mL；V 为水样的体积，mL；8 为氧（1/2O）摩尔质量，g/mol。

四、注意事项

（1）使用 0.4 g 硫酸汞络合氯离子的最高量可达 40 mg。如取用 20.00 mL 水样，即最高可络合 2\,000 mg/L 氯离子浓度的水样。若氯离子浓度较低，也可少加硫酸汞，保持硫酸汞∶氯离子 = 10∶1。若出现少量氯化汞沉淀，并不影响测定。

（2）水样取用体积可在 10.00 ~ 50.00 mL 范围，但试剂用量和浓度若按附表 5 进行调整，也可得到满意的结果。

附表 5　水样取用量和试剂取用量

水样体积	0.250 0 mol/L 重铬酸钾标准溶液/mL	硫酸—硫酸汞溶液/mL	硫酸汞/g	硫酸亚铁铵标准溶液/（mol·L^{-1}）	滴定前总体积/mL
10.0	5.0	15	0.2	0.050	70
20.0	10.0	30	0.4	0.100	140
30.0	15.0	45	0.6	0.150	210
40.0	20.0	60	0.8	0.200	280
50.0	25.0	75	1.0	0.250	350

（3）对于化学需氧量少于 50 mg/L 的水样，应改用 0.025 0 mol/L 重铬酸钾标准溶液（将上述 0.250 0 mol/L 重铬酸钾标准溶液稀释 10 倍）。回滴时用 0.01 mol/L 硫酸亚铁铵标准溶液滴定。

（4）水样加热回流后，溶液中重铬酸钾剩余量应是加入量的 1/5 ~ 4/5。

（5）用邻苯二甲酸氢钾标准溶液检查质量和操作技术时，由于每克邻苯二甲酸氢钾的理论 COD_{Cr} 值为 1.176 g，所以溶解 0.425 1 g 邻苯二甲酸氢钾于重蒸馏水中，转入 1 000 mL 容量瓶，稀释至标线，使之成为 500 mg/L 的 COD_{Cr} 标准溶液，用时新配。

（6）COD_{Cr} 的测定结果应保留小数点后三位有效数字。

（7）每次实验时，应对硫酸亚铁铵标准滴定溶液进行标定，室温较高时尤其应注意其浓度的变化。标定方法也可采用如下操作：于空白试验滴定结果后的溶液中，准确加入 10.00 mL 0.250 0 mol/L 重铬酸钾溶液，混匀，然后用硫酸亚铁铵标准滴定溶液进行标定。

（8）回流冷凝管不能用软质乳胶管，否则容易老化、变形，导致冷却水不通畅。用手摸冷却水时不能有温感，否则测定结果偏低。

（9）滴定时不能激烈摇动锥形瓶，瓶内试液不能溅出水花，否则将影响测定结果。

附录 6　水中氨氮的测定
——纳氏试剂光度法

　　氨氮（NH_3-N）以游离氨（NH_3）或铵盐（NH_4^+）形式存在于水中，两者的组成比取决于水的 pH 值和水温。水中氨氮的来源主要为生活污水中含氮有机物受微生物作用的分解产物，如某些工业废水（如焦化废水和合成化肥厂废水等）以及农田排水等。此外，在无氧环境中，水中存在的亚硝酸盐也可受微生物的作用还原为氨。在有氧环境中，水中氨也可转变为亚硝酸盐，甚至继续转变为硝酸盐。

　　测定水中各种形态的氮化合物，有助于评价水体被污染和"自净"状况。鱼类对水中氨氮比较敏感，当氨氮含量高时会导致鱼类死亡。

　　氨氮的测定方法，通常有纳氏比色法、气相分子吸收法、苯酚—次氯酸盐（或水杨酸—次氯酸盐）比色法和电极法等。纳氏比色法具有操作简便、灵敏等特点，水中钙、镁和铁等金属离子、硫化物、醛和酮类、颜色以及浑浊等均干扰测定，需作相应的预处理。本书介绍纳氏试剂光度法。

一、仪器与试剂

（一）仪器

（1）可见分光光度计 752N 型、722 型。

（2）pH 计。

（3）500 mL 全玻璃蒸馏装置。

（二）试剂

水样稀释和试剂配制均用无氨水。

1. 无氨水制备

（1）蒸馏法：每升蒸馏水中加入 0.1 mL 硫酸，在全玻璃蒸馏器中重蒸馏。弃去 50 mL 初馏液，蒸出水接收于玻璃容器中。

（2）离子交换法：使蒸馏水通过强酸性阳离子交换树脂柱。

（2）＊2% 硼酸吸收液：称取 2 g 硼酸溶于水，稀释至 100 mL。（蒸馏法预处理水样。）

（3）磷酸盐缓冲液（pH＝7.4）：分别称取磷酸二氢钾和磷酸氢二钾各 14.3 g，溶于不含氨的水中，稀释至 1 000 mL，用 pH 计指示，并用磷酸二氢钾或磷酸氧二钾调节 pH 值至 7.4。（蒸馏法预处理水样。）

（4）10% 硫酸锌溶液：称取 10 g 硫酸锌溶于水，稀释至 100 mL。（絮凝沉淀法预处理水样。）

（5）25% 氢氧化钠溶液：称取 25 g 氢氧化钠溶于水，稀释至 100 mL，储存于聚乙烯瓶中。（絮凝沉淀法预处理水样。）

（6）纳氏试剂：称取 20 g 碘化钾溶于 100 mL 水中，边搅拌边分次少量加入二氯化汞结晶粉末 10 g，并充分搅拌，至出现微量朱红色沉淀不易溶解。另称取 60 g 氢氧化钾溶于水，并稀释至 250 mL，充分冷却至室温后备用。将上述溶液在搅拌下徐徐注入氢氧化钾溶液中（全部），用水稀释至 400 mL，混匀，静置过夜。将上清液移入聚乙烯瓶中，密塞保存于冰箱中，有效期 1 个月。

（7）50% 酒石酸钾钠溶液：称取 10 g 酒石酸钾钠溶于 20 mL 水中，加热煮沸以除去氨，放冷备用。

（8）铵标准贮备液：称取优级纯氯化铵（经 100 ℃ 干燥过）3.819 g 溶于水中，转入 1 000 mL 容量瓶内，摇匀，用水稀释至刻度，此溶液每毫升含 1.00 mg 氨氮。

（9）＊铵标准使用液：吸取铵标准贮备液 1.00 mL，放入 100 mL 容量瓶中，用水稀释至标线，摇匀，此溶液每毫升含 0.010 mg 氨氮。

（10）浓硫酸（分析纯）。

注：带 ＊ 号为学生自己配制的试剂。

二、实验步骤

（一）水样的预处理

水样带色或浑浊以及含其他一些干扰物质会影响氨氮的测定，为此，在分析时需做适当的预处理。对较为清洁的水样，可采用絮凝沉淀法；对污染严重的水或工业废水，宜采用蒸馏法进行水样的预处理以消除干扰。

（1）絮凝沉淀法。

①加适量的硫酸锌在水样中，并加氧氧化钠使呈碱性，产生氢氧化锌沉淀，再经过滤消除颜色和浑浊。

②步骤：用 250 mL 具塞锥形瓶，取 100 mL 水样于锥形瓶中，加入 1 mL 硫酸锌溶液和 0.1 ~ 0.2 mL 25% 氢氧化钠溶液，调节溶液 pH 值至 10.5，混匀。放置使沉淀，用经无氨水充分洗涤过的中速定量滤纸过滤，弃去初滤液 20 mL 后备用。

（2）蒸馏法。

①蒸馏瓶的清洗。在蒸馏瓶中加入 200 mL 无氨水、10 mL 磷酸盐缓冲液和数粒玻璃珠，加热蒸馏至馏出液不含氨为止（馏出液为 20 ~ 50 mL，用 pH 试纸检验），冷却，弃去瓶内残液，留下玻璃珠。

②取 250 mL 水样置于已清洗蒸馏瓶中，加入 10 mL 磷酸盐缓冲液，以一只盛有 50 mL 2% 硼酸吸收液的 250 mL 锥形瓶收集馏出液。收集时应将冷凝管的导管末端浸入吸收液面下，其蒸馏速度为 6 ~ 8 mL/min，至少收集 150 mL 馏出液（共计 200 mL）。蒸馏结束前 2 ~ 3 min 应把锥形瓶放低，使吸收液面脱离冷凝管，并再蒸馏片刻以洗净冷凝管和导管，用无氨水稀释定容至 250 mL，备用。

（二）标准曲线的绘制

吸取浓度为 0.010 mg/mL 氨氮的铵标准使用液 0.00、0.50、1.00、3.00、5.00、7.00、10.00 mL，分别置于 50 mL 比色管中，加水至标线，此时每支比色管中氨氮的含量分别为 0.00、5.00、10.00、30.00、50.00、70.00、100.00 μg。加 1.0 mL 酒石酸钾钠溶液，混匀。加 1.5 mL 纳氏试剂，混匀。放置 10 min 后，在波长 420 nm 处，用光程 20 mm 比色皿，以水为参比，测量吸光度。

（三）水样的测定

取 50 mL 经絮凝沉淀法预处理后的水样或蒸馏预处理后的馏出液，置于 50 mL 比色管。若氨氮含量较高，可取适量水样置于 50 mL 比色管中（使氨氮含量不超过 0.1 mg），用水稀释至标线。其余操作同标准曲线步骤测量吸光度。

（四）空白试验

以无氨水代替水样，做当水样相同的全程序空白实验。

三、计算

由水样测得的吸光度减去空白试验的吸光度后，从标准曲线上查得氨氮含量：

$$C_{NH_3-N} = m/V$$

式中，C_{NH_3-N} 为水样中氨氮的浓度，mg/L；m 为从标准曲线上查得的氨氮含量，μg；V 为水样体积，mL。

四、注意事项

（1）纳氏试剂中碘化汞和碘化钾的比例对显色反应的灵敏度有较大影响，静置后生成的沉淀应除去。纳氏试剂显色后的溶液颜色会随时间而变化，所以应在较短的时间内完成比色操作。

（2）滤纸中常含痕量铵盐，使用时注意用无氨水洗涤，所用玻璃器皿应避免实验室空气中氨的污染。

（3）用蒸馏法进行水样的预处理时，应检查装置的气密性。

（4）蒸馏过程中，注意观察蒸馏瓶内的压力变化，导管只需要插入馏出液面下一点，不必插得太深，以防止倒吸现象发生。

附录 7 水中硝酸盐氮的测定

——紫外分光光度法

水中硝酸盐是在有氧环境下，亚硝酸氮、氨氮等各种形态的含氮化合物中最稳定的氮化合物，也是含氮有机物经无机化作用最终的分解产物。亚硝酸盐可经氧化而生成硝酸盐，硝酸盐在无氧环境中也可受微生物的作用而还原为亚硝酸盐。

水中的硝酸盐氮（$NO_3^- - N$）含量相差悬殊，从数十微克每升至数十毫克每升，清洁的地表水中含量较低，受污染的水体和一些深层地下水中含量较高。制革废水、酸洗废水、某些生化处理设施的出水和农田排水可含大量的硝酸盐。

水中硝酸盐的测定方法很多，常用的有酚二磺酸光度法、镉柱还原法、戴氏合金还原法、离子色谱法、紫外分光光度法和电极法等。

本书介绍的紫外分光光度法，可用于清洁地表水和未受明显污染的地下水中硝酸盐氮的测定，其最低检出限浓度为 0.08 mg/L。

一、仪器与试剂

（一）仪器

紫外—可见分光光度计，型号：752N 型。

（二）试剂

（1）氢氧化铝悬浮液：溶解 125 g 硫酸铝钾于 1 000 mL 水中，加热至 60 ℃。在不断搅拌下慢慢加入 55 mL 浓氨水，放置约 1 h 后，用水反复洗涤沉淀至洗出液中不含亚硝酸盐为止。待澄清后，把上清液尽量全部倾出，只留稠的悬浮物，最后加入 100 mL 水。使用前振荡均匀。

（2）1 mol/L 盐酸溶液：将 9 mL（$\rho = 1.18$ g/mL）浓盐酸溶于水，稀释至 100 mL。

（3）硝酸盐标准贮备溶液：称取 0.721 8 g 经 105～110℃ 干燥 2 h 的优级纯硝酸钾溶于水，移入 1 000 mL 容量瓶中，稀释至标线，加 2 mL 三氯甲烷作保存剂，混匀，至少稳定 6 个月，该标准贮备溶液含 0.100 mg/mL 硝酸盐氮。

（4）＊硝酸盐标准使用液：取上述硝酸盐标准贮备溶液 10.00 mL 置于 100 mL 容量瓶中，稀释至标线，该标准使用液含 0.010 mg/mL 硝酸盐氮。

注：带＊号为学生自己配制的试剂。

二、实验步骤

（一）标准曲线的绘制

分取硝酸盐标准使用液 0.50、1.00、2.00、4.00、10.00、15.00、20.00 mL 于 50 mL 容量瓶中，各加入 1 mL 1 mol/L 盐酸溶液，用水稀释至标线。以水为参比，在 220 nm 波长处，用 10 mm 石英比色皿测定水样的吸光度。

（二）水样的测定

如水样浑浊，应先过滤。取 100 mL 水样于 250 mL 锥形瓶中，水样如有颜色，应加入 4 mL 氢氧化铝悬浮液，在锥形瓶中搅拌 5 min 后过滤。取 25 mL 经过滤或脱色后的水样于 50 mL 容量瓶中，加入 1 mL 1 mol/L 盐酸溶液，用水稀释至标线。在 220 nm 波长处，用 10 mm 石英比色皿测定水样的吸光度。从标准曲线上查到对应的浓度，此值乘以稀释倍数即得水样中硝酸盐氮值。

若水样中存在有机物对测定有干扰作用，可同时在 275 nm 波长处测定吸光度，并得到校准吸光度。

三、计算

由水样测得在两个波长处的吸光度按下式计算，得到经校正的吸光度：

$$A_{校正} = A_{220} - 2A_{275}$$

式中，A_{220} 为 220 nm 波长处测定的吸光度；A_{275} 为 275 nm 波长处测定的吸光度。

由校正后的吸光度从标准曲线上查得氨氮含量，按下式计算水样硝酸盐氮的浓度：

$$C_{NO_3^- - N} = m/V$$

式中，$C_{NO_3^- - N}$ 为水样中硝酸盐氮的浓度，mg/L；m 为从标准曲线上查得的氨氮含量，μg；V 为水样体积，mL。

四、注意事项

（1）可溶性的有机物、表面活性剂、亚硝酸盐、六价铬、溴化物、碳酸氢盐和碳酸盐等的干扰测定，需进行适当的预处理。

（2）大部分常见的有机物、浊度和三价铁、六价铬采用絮凝共沉淀法和大孔中性吸附树脂消除。

（3）含有有机物且硝酸盐含量较高的水样应预处理后再稀释。

（4）亚硝酸盐干扰可用加入氨基磺酸法消除。

（5）六价铬干扰用絮凝共沉淀法消除，应在加入氢氧化铝悬浮液 30 min 后取上清液测定。

附录8 水中亚硝酸盐氮的测定

——N-(1-萘基)乙二胺光度法

亚硝酸盐氮（NO_2—N）是氮循环的中间产物，不稳定。根据水环境条件，可被氧化成硝酸盐，也可被还原成氨。水中亚硝酸盐的测定方法通常采用重氮—偶联反应，使其生成红紫色染料，方法灵敏、选择性强。所用重氮和偶联试剂种类较多，最常用的为对氨基苯磺酰胺和对氨基苯磺酸，以及N-(1-萘基)乙二胺。此外，还有目前国内外普遍采用离子色谱法和新开发的气相分子吸收法。这两种方法使用了仪器，因此方法简便、快速，干扰较少。

本实验采用N-(1-萘基)乙二胺光度法。可用于饮用水、地表水、地下水、生活污水和工业废水中亚硝酸盐的测定，其最低检出限浓度为0.003 mg/L，测定上限为0.200 mg/L。

一、实验仪器与试剂

（一）实验仪器

可见分光光度计，型号：722型或752 N型。

（二）实验试剂

（1）不含亚硝酸盐的水：于蒸馏水中加入少许高锰酸钾晶体，使呈红色；再加入氢氧化钙或氢氧化钡，使呈碱性；置于全玻璃蒸馏器中蒸馏，弃去50 mL初馏液，收集中间约70%的不含锰的馏出液。

（2）0.050 mol/L高锰酸钾标准溶液（1/5高锰酸钾）：溶解1.6 g高锰酸钾于1.2 L水中，煮沸30~60 min，使体积减少至1 000 mL，放置过夜。用

G₃ 号玻璃砂芯滤器或玻璃棉过滤后，将滤液储存于棕色试剂瓶中避光保存，标定方法见下面（3）亚硝酸盐氮标准贮备液的标定。

（3）0.050 0 mol/L 草酸钠标准溶液（1/2 草酸钠）：溶解经 105℃ 烘干 2 h 的优级纯无水草酸钠 3.350 g 于 750 mL 水中，移入 1 000 mL 容量瓶中，稀释至标线。

（4）亚硝酸盐氮标准贮备液：称取 1.232 g 亚硝酸钠溶于 150 mL 水中，转入 1 000 mL 容量瓶中，用水稀释至标线。此溶液每毫升含 0.25 mg 亚硝酸盐氮。本溶液储于棕色瓶中加入 1 mL 三氯甲烷，保存在 2～5℃ 冰箱中，至少稳定一个月。由于亚硝酸盐氮在潮湿环境中易氧化，所以贮备液在测定时需标定。

标定方法：在 250 mL 具塞锥形瓶内依次加入 0.050 mol/L 高锰酸钾标准溶液 50.00 mL、5 mL 浓硫酸和 50.00 mL 亚硝酸盐氮标准贮备液（加此溶液时应将吸管插入高锰酸钾溶液的液面以下），轻轻混匀，置于水浴上加热至 70～80℃ 后，按每次 10.00 mL 的量加入足够的草酸钠标准溶液，使溶液紫红色褪去并过量。记录草酸钠标准溶液的用量（V_2）。再以高锰酸钾标准溶液滴定过量的草酸钠，至溶液呈微红色，记录高锰酸钾标准溶液的总用量（V_1），然后用 50.00 mL 实验用水代替亚硝酸盐氮标准贮备液。以上操作，用草酸钠标准溶液标定高锰酸钾标准溶液的浓度（C_1），按下式计算高锰酸钾标准溶液浓度：

$$C_{1(1/5高锰酸钾)} = (0.050\ 0 \times V_4)/V_3$$

式中，C_1 为经标定的高锰酸钾标准溶液的浓度，mol/L；V_3 为滴定实验用水时，加入高锰酸钾标准溶液总量，mL；V_4 为滴定实验用水时，加入草酸钠标准溶液总量，mL。

按下式计算亚硝酸盐氮标准贮备液的浓度：

$$C_{亚硝酸盐氮标准溶液} = \frac{(V_1 C_1 - 0.050\ 0 \times V_2) \times 7.00 \times 1\ 000}{50.00}$$

$$= 140 \times V_1 C_1 - 7.00 \times V_2$$

式中，C_1 为经标定的高锰酸钾标准溶液的浓度，mol/L；V_1 为滴定亚硝酸盐氮标准贮备液时，加入高锰酸钾标准溶液总量，mL；V_2 为滴定亚硝酸盐氮标准贮备液时，加入草酸钠标准溶液总量，mL；7.00 为亚硝酸盐氮（1/2 氮）的摩尔质量，g/mol；50.00 为亚硝酸盐氮标准贮备液的取用量，mL；0.050 0 为草酸钠标准溶液浓度，1/2 草酸钠，mol/L。

（5）＊亚硝酸盐氮标准使用液：取 1.00 mL 亚硝酸盐氮标准贮备液，置于 250 mL 容量瓶中，用水稀释至标线。此溶液每毫升约含 1.00 μg 亚硝酸盐氮。此溶液使用时当天配制。

（6）氢氧化铝悬浮液：溶解 125 g 硫酸铝钾于 1 000 mL 水中，加热至 60℃。在不断搅拌下慢慢加入 55 mL 浓氨水，放置约 1 h 后，用水反复洗涤沉淀至洗出液中不含亚硝酸盐为止。待澄清后，把上清液尽量全部倾出，只留稠的悬浮物，最后加入 100 mL 水。使用前振荡均匀。

（7）显色剂：于 500 mL 烧杯内，加入 250 mL 水和 50 mL 磷酸，加入 20.0 g 对氨基苯磺酰胺，再将 1.00 g N－(1－萘基)—乙二胺二盐酸盐溶于上述溶液中，转移至 500 mL 容量瓶中用水稀释至标线，混匀。此溶液储于棕色瓶中，保存在冰箱中 2～5℃，至少可稳定一个月。

（8）0.5% 酚酞指示液：称取 0.5 g 酚酞，溶于 50 mL 95% 乙醇中，用水稀释至 100 mL。储于滴瓶中保存。

（9）(1∶9) 磷酸溶液：将 1 份浓磷酸溶解于 9 份相同体积的水中，装入试剂瓶备用。

注：带 ＊ 号为学生自己配制的试剂。

二、实验步骤

（一）水样制备

（1）当水样 pH 值≥11 时，可加入 1 滴酚酞指示液，边搅拌边逐滴加入 (1∶9) 磷酸溶液至红色刚消失。

（2）水样如有颜色或悬浮物，可在每 100 mL 水样中加入 2 mL 氢氧化铝悬浮液，静置数分钟后，过滤，弃去 25 mL 初滤液，取 50 mL 滤液置于 50 mL 比色管中测定。

（3）如水样清洁，可直接取 50 mL 水样测定。

（4）如亚硝酸盐氮含量较高时，可适量取水样，用水稀释至 50 mL。

（二）标准曲线的绘制

取 50 mL 比色管 6 支，分别加入含亚硝酸盐氮 1.00 μg/mL 的标准使用液 0.00、1.00、3.00、5.00、7.00、10.00 mL，用水稀释至标线。在各比色管中分别加入 1.00 mL 显色剂，混匀，放置 20 min 后，在 2 h 以内，在波长 540 nm 处，以水作参比，用 10 mm 玻璃比色皿测定吸光度。

以测得的吸光度减去零浓度空白管的吸光度后，获得校正吸光度，绘制以氮含量（μg）对校正吸光度的标准曲线。

（三）水样的测定

取经絮凝处理后的滤液 50 mL 置于 50 mL 比色管中（如含量较高，则分取适量，用水稀释至标线），加入 1.00 mL 显色剂，按标准曲线绘制的步骤操作，测定吸光度。

（四）空白试验

用水代替水样，按相同步骤进行测定。

三、计算

$$C_{硝酸盐氮} = m/V$$

式中，$C_{硝酸盐氮}$ 为水样中硝酸盐氮的浓度，mg/L；m 为从标准曲线上查得的氨氮含量，μg；V 为水样体积，mL。

四、注意事项

（1）亚硝酸盐氮是含氮氧化物分解过程中的中间产物，很不稳定，采样后的水样应尽快分析。

（2）如水样经处理后还有颜色，则分取两份体积相同的经预处理的水样，一份加入 1.0 mL 显色剂，另一份改加入 1.0 mL（1∶9）磷酸溶液。由加显色剂的水样测得的吸光度，减去空白试验测得的吸光度，再减去改加磷酸溶液的水样所测得的吸光度后，获得校正吸光度，以进行色度校正。

（3）显色剂也可以用下面方法分别配制：

①对氨基苯磺酸溶液：称取 0.6 g 对氨基苯磺酸于 80 mL 热水中，冷却后加入 20 mL 浓盐酸，轻轻混匀。此溶液稳定。

②N-（1-萘基）乙二胺二盐酸盐溶液：称取 0.6 g N-（1-萘基）乙二胺二盐酸盐溶于含有 1 mL 浓盐酸和 50 mL 水的混合液中，并加水稀释至 100 mL。置冰箱中保存。如溶液有沉淀，则应过滤；如溶液浑浊，应重新配制。

测定时，于 50 mL 水样中，加入 1.0 mL 对氨基苯磺酸溶液，混匀。放置 2 ~ 8 min，加入 1.0 mL N – (1 – 萘基) 乙二胺二盐酸盐溶液，混匀。放置 10 min 后，在波长 540 nm 处，以水作参比，用 10 mm 比色皿测定吸光度。

附录9 水中挥发酚的测定
——4-氨基安替比林直接光度法

酚是水体中的重要污染物，主要来自炼油、煤气洗涤、炼焦、造纸、合成氨、木材防腐和化工废水。酚类属高毒物质，会影响水生生物的正常生长，使水产品发臭。水中含低浓度（0.1~0.2 mg/L）酚类时，可使生长鱼的鱼肉有异味；含量超过0.3 mg/L时，可引起鱼类的回避；高浓度时（>5 mg/L）则造成鱼类中毒死亡。含酚浓度高的废水不宜用于农田灌溉，否则会使农作物枯死和减产。人体摄入一定量时，可出现急性中毒症状；长期饮用被酚污染的水，可引起头昏、出疹、瘙痒、贫血及各种神经系统症状。水中含微量的酚类，在加氯消毒时，可产生特异的氯酚臭。

水体中酚的种类较多，根据酚类能否与水蒸气一起蒸出，分为挥发酚和不挥发酚。挥发酚通常是指沸点在230℃以下的酚类，通常属一元酚。本实验仅测定可被蒸馏的挥发酚。

酚类的分析方法较多，目前普遍采用的是4-氨基安替比林直接光度法，国际标准化组织颁布的测酚方法也为此法。酚类化合物于pH=10.0（±0.2）介质中和氧化剂铁氰化钾作用下，与4-氨基安替比林反应，生成橘红色的吲哚酚安替比林染料，在510 nm波长处有最大吸收。若用氯仿萃取此染料，可以增加颜色的稳定性，提高灵敏度，在460 nm波长处有最大吸收。

当水样中挥发酚浓度低于0.5 mg/L时采用4-氨基安替比林萃取光度法，浓度高于0.5 mg/L时采用4-氨基安替比林直接光度法，高浓度含酚废水可采用溴化容量法。本实验采用4-氨基安替比林直接光度法，此法可用于分析车间排放口或未经处理的总排污口的废水。

一、仪器与试剂

（一）实验仪器

（1）752 N 型或 722 型紫外—可见分光光度计及 10 mm 或 20 mm 比色皿。

（2）500 mL 玻璃蒸馏装置。

（二）实验试剂

（1）无酚水：实验用水应为无酚水。于 1 L 水中加入 0.2 g 经 200℃ 活化的活性炭粉末，充分振摇后，放置过夜，用双层中速滤纸过滤，或加氢氧化钠使水呈强碱性，并滴加高锰酸钾溶液至紫红色，移入蒸馏瓶中加热蒸馏，收集蒸出液备用。

注：无酚水应储于玻璃瓶中，取用时应避免与橡胶制品（橡胶塞或乳胶管）接触。

（2）硫酸铜溶液：称取 1 g 硫酸铜溶于水，用水稀释至 10 mL。

（3）磷酸溶液：称取 10 mL 磷酸溶于水中，用水稀释至 100 mL。

（4）甲基橙指示液：称取 0.1 g 甲基橙溶于 100 mL 水中。

（5）1% 淀粉溶液：称取 0.2 g 可溶性淀粉，用少量的水调成糊状，慢慢倒入 20 mL 沸水中，继续煮沸至溶液澄清，冷却后储于试剂瓶中。临用时配。（用于硫代硫酸钠标准溶液、苯酚标准贮备液的标定。）

（6）溴酸钾—溴化钾标准参考溶液（C（1/6 溴酸钾）=0.1 mol/L）：称取 0.278 4 g 溴酸钾溶于水中，加入 1 g 溴化钾溶解后移入 100 mL 容量瓶中稀释至标线。（用于苯酚标准贮备液的标定。）

（7）硫代硫酸钠标准溶液（~0.025 mol/L）：称取 1.55 g 硫代硫酸钠，溶于 250 mL 煮沸后冷却的水中；加入 0.2 g 无水碳酸钠，稀释至标线。储于棕色瓶内，临用前标定。标定方法见第四章实验六"水中溶解氧的测定"。（用于苯酚标准贮备液的标定。）

（8）苯酚标准贮备液：称取 1.00 g 无色苯酚溶于水中，稀释至 1 000 mL。置 4℃ 冰箱内保存，至少稳定一个月。使用前用 0.025 mol/L 硫代硫酸钠标准溶液标定浓度。

标定方法：取 10.00 mL 苯酚标准贮备液于 250 mL 碘量瓶中，加入 100 mL 水，加入 0.1 mol/L 溴酸钾—溴化钾溶液 10.00 mL，立即加入 5 mL 浓盐酸，盖好瓶盖，轻轻摇匀，于暗处静置 10 min。加入 1 g 碘化钾，密塞，轻轻摇匀。放置暗处 5 min 后，用 0.025 mol/L 硫代硫酸钠标准溶液滴定至淡黄色；再加入 1% 淀粉溶液 1 mL，继续滴定至蓝色刚好褪去，记录用量。用水代替苯酚标准贮备液，做空白试验，记录硫代硫酸钠标准溶液用量。

苯酚标准贮备液浓度计算：

$$C_{苯酚标准贮备液} = \frac{(V_1 - V_2) \times C \times 15.68}{V}$$

式中，V_1 为空白试验中消耗的硫代硫酸钠标准溶液体积，mL；V_2 为滴定苯酚标准贮备液时消耗的硫代硫酸钠标准溶液体积，mL；V 为所取的苯酚标准贮备液体积，mL；C 为硫代硫酸钠标准溶液的浓度，mol/L；15.68 为苯酚摩尔质量（1/6 C_6H_5OH），g/mol。

（9）＊苯酚标准使用液：取适量的苯酚标准贮备液用水稀释 100 倍至约含 0.010 mg/mL 苯酚。使用时当天配制。

（10）缓冲溶液（pH 值为 10）：称取 20 g 氯化铵溶于 100 mL 浓氨水中，定容稀释至 1 L。加塞，置冰箱中保存。

注：应避免氨挥发引起 pH 值的改变，在低温下保存和取用后立即加塞盖严，并根据使用情况适量配制。

（11）2% 4 - 氨基安替比林溶液：称取 2 g 4 - 氨基安替比林溶于水，稀释至 100 mL，该溶液储于棕色瓶中，置冰箱中保存，可使用一周。固体试剂易潮解、氧化，宜保存在干燥器中。

（12）8% 铁氰化钾溶液：称取 8 g 铁氰化钾溶于水，稀释至 100 mL，置冰箱中保存，可使用一周。

注：带 ＊ 号为学生自己配制的试剂。

二、实验步骤

（一）预蒸馏

水中挥发酚经过预蒸馏后，可以消除颜色、浑浊度等干扰。但当水样中含氧化剂、油、硫化物等干扰物质时，应在蒸馏前先做适当的预处理。

（1）量取 250 mL 待测水样置于 500 mL 蒸馏瓶中，加数粒小玻璃珠以防暴沸，再加入 2 滴甲基橙指示液。用磷酸溶液将水样调节至溶液呈橙红色（此时溶液 pH 值≤4）。加入 5.0 mL 硫酸铜溶液（如采样时已加过硫酸铜，则适量补加）。

注：如加入硫酸铜溶液后产生较多黑色硫化铜沉淀，则应摇匀后放置片刻，待沉淀后，再滴加硫酸铜溶液，直至不再产生沉淀为止。

（2）连接冷凝器加热蒸馏，以 250 mL 量筒或容量瓶收集蒸出液，待蒸馏出 225 mL 液体后，停止加热，液面静止后，稍冷却。向蒸馏瓶中加入 25 mL 蒸馏水，继续蒸馏到蒸出液 250 mL 为止。

注：蒸馏过程中，如发现甲基橙的红色褪去，应在蒸馏结束后，再加 1 滴甲基橙指示液；如发现蒸馏后残液不呈酸性，则应重新取样，增加磷酸加入量，进行蒸馏。

（二）样品的测定

（1）标准曲线的绘制：在 8 支 50 mL 比色管中，分别加入 0、0.50、1.00、3.00、5.00、7.00、10.00、12.50 mL 苯酚标准使用液，加水至 50 mL 标线，加 0.5 mL pH = 10.0 缓冲溶液，混匀，此时溶液 pH 值应为（10.0 ± 0.2）。加 4-氨基安替比林溶液 10 mL，混匀；再加 1.0 mL 铁氰化钾溶液，再混匀。放置 10 min 后立即于 510 nm 波长处，用 20 mm 比色皿，以水为参比，测量吸光度，经空白校正后，绘制吸光度对苯酚含量（mg）的标准曲线。

（2）水样的测定：取 50 mL 蒸出液（含酚量小于 0.25 mg）至 50 mL 比色管中。或取适量的蒸出液放入 50 mL 比色管中，稀释至标线。用与绘制标准曲线相同步骤测定吸光度，最后减去空白试验所得吸光度。

（3）空白试验：以水代替水样，经蒸馏后，按水样测定相同步骤，以其结果作为水样测定的空白校正值。

三、计算

由水样测得的吸光度减去空白试验的吸光度后，从标准曲线上查得苯酚含量为：

$$C_{\text{以苯酚计}} = m/V$$

式中，$C_{\text{以苯酚计}}$ 为以苯酚为当量计算水样中挥发酚的浓度，mg/L；m 为从标准曲线上查得的苯酚含量，μg；V 为移取馏出液体积，mL。

注：如水样含挥发酚较多，移取适量水样并加水至 250 mL 进行蒸馏，在计算时则应乘以稀释倍数。

四、注意事项

（1）水样中的酚不稳定，易挥发和氧化，并易受微生物作用而损失，因此，水样采集后应加氢氧化钠保存剂，并尽快测定。

（2）氧化性物质、还原性物质、金属离子及芳香胺类化合物对测定有干扰作用，预蒸馏可消除颜色、浑浊度的干扰，也可除去部分干扰物，但对污染严重的水样，蒸馏前要用下述方法消除干扰物：

①氧化剂（如游离氯）：当水样经酸化后滴于碘化钾—淀粉试纸上出现蓝色时，说明存在氧化剂，遇此情况可加入过量的硫酸亚铁。

②硫化物：水样中含少量的硫化物时，用磷酸把水样 pH 值调至 4.0（用甲基橙或 pH 计指示），加入适量硫酸铜（1 g/L）使生成硫化铜而被除去；当含量较高时则应用磷酸酸化的水样于通风柜内进行搅拌曝气，使其生成硫化氢逸出。

③油类：将水样移入分液漏斗中，静置分离出浮油后，加粒状氢氧化钠调节 pH 值至 12.0 ~ 12.5。用四氯化碳萃取（每升样品用 40 mL 四氯化碳萃取两次），弃去四氯化碳层，萃取后的水样移入烧杯中，在通风柜中于水浴上加温以除去残留的四氯化碳，用磷酸调节至 pH = 4.0。当石油类浓度较高时，用正己烷处理较四氯化碳为佳。

（3）一次蒸馏足以净化样品，若出现蒸出液浑浊现象，需用磷酸酸化后再蒸馏。

（4）样品和标准溶液中加入缓冲液和 4 - 氨基安替比林后，要混匀才能加入铁氰化钾，否则结果偏低。

附录10　废水中铬的价态分析

水体中铬的化合物常见的价态有六价 [Cr (VI)] 和三价 [Cr (III)]。水体中，六价铬一般以铬酸盐（CrO_4^{2-}）、重铬酸（$Cr_2O_7^{2-}$）、重铬酸氢根（$HCrO_4^-$）三种阴离子形式存在，受水中 pH 值、有机物、氧化还原物质、温度及硬度等条件影响，三价铬和六价铬的化合物可以互相转化。

铬是生物体所必需的微量元素之一，铬的毒性与其存在价态有关，通常认为六价铬的毒性比三价铬高很多倍，为强毒性，六价铬更容易为人体吸收而且在体内蓄积。由于铬的毒性及危害与其价态有关，测定水体中的铬化合物必须进行不同价态铬的含量分析。

在酸性介质中，六价铬与二苯碳酰二肼反应，生成紫红色化合物，其最大吸收波长为 540 nm，摩尔吸光系数为 4×10^4 L/mol·cm^{-1}）。因此，可用分光光度法进行六价铬含量的测定。

一、仪器与试剂

（一）仪器

可见分光光度计 722 型。
紫外—可见分光光度计 752N 型。

（二）试剂

（1）0.2% 二苯碳酰二肼显色剂：称取 0.20 g 二苯碳酰二肼于 50 mL 的丙酮中，加水稀释至 100 mL，摇匀，储于棕色瓶置于冰箱中保存。颜色变深后不能使用。

（2）（1∶1）硫酸：将一份浓硫酸缓慢搅拌下加入等体积的水中，摇匀。

（3）（1∶1）磷酸：将一份浓磷酸溶于等体积的水中，混匀。

（4）丙酮。

（5）铬标准贮备液：称取已烘干（120 ℃，2 h）的重铬酸钾（优级纯）0.282 9 g溶于适量水，溶解后转入至1 000 mL容量瓶中，稀释至标线。此溶液含六价铬0.100 mg/mL。

（6）＊铬标准使用液（1.0 mg/L）：准确移取铬标准贮备液1.00 mL于100 mL容量瓶中，稀释至标线。此溶液含六价铬1.0 μg/mL。使用时当天配制。

（7）4%高锰酸钾溶液：称取4 g高锰酸钾在加热和搅拌下溶于水，溶解后稀释至100 mL。贮存于棕色瓶中。

（8）20%尿素溶液：称取20 g尿素溶于100 mL水中。

（9）2%亚硝酸钠溶液：称取2 g亚硝酸钠溶于100 mL水中。

（10）氯仿（用于需预处理的水样）。

（11）（1∶1）氢氧化铵：将浓氨水与等体积的水混合。（用于需预处理的水样。）

（12）5%铜铁试剂：称取铜铁试剂5 g，溶于冰水中，并稀释至100 mL。临用时配制。（用于需预处理的水样。）

（13）浓硝酸。

（14）浓硫酸。

（15）氢氧化锌共沉淀剂：称取硫酸锌8 g，溶于水并稀释至100 mL。另称取氢氧化钠2.4 g，溶于新煮沸并放冷的水至120 mL，将两溶液合并混合均匀。（用于需预处理的水样。）

注：带＊号为学生自己配制的试剂。

二、实验步骤

（一）六价铬的测定

1. 清洁水样的测定

样品中不含悬浮物，低色度的清洁地表水可直接测定。

移取50 mL或适量无色透明或经预处理过的水样1份（可做平行）于

50 mL 比色管中，用水稀释至标线，加入（1:1）硫酸溶液 0.5 mL 和（1:1）磷酸 0.5 mL，摇匀。加入 0.2% 二苯碳酰二肼显色剂 2 mL，摇匀。放置 5～10 min 后，于 540 nm 波长处，用 10 mm 或 30 mm 比色皿，以水作参比，测定吸光度并做空白校正，从标准曲线上查得六价铬含量。

2. 不清洁水样的测定

水样如有色或浑浊及含有氧化性和还原性物质时，如次氯酸盐、二价铁、硫酸盐、硫代硫酸盐等，需按以下要求进行预处理或校正测定：

（1）色度校正：如水样有色但不是太深，则另取一份水样用于校正。在待测水样中加入各种试液进行同样操作时，将校正水样以 2 mL 丙酮代替显色剂，最后以此校正水样代替水作为参比来测定待测水样的吸光度。

（2）对浑浊、色度较深的水样，用锌盐沉淀分离法：取适量水样（含六价铬 < 100 μg）置于 150 mL 烧杯中，加水至 50 mL，滴加 2% 氢氧化钠溶液，调节溶液 pH 值至 7～8，在不断搅拌下，滴加氢氧化锌共沉淀剂至溶液 pH 值 8～9；将此溶液转移至 100 mL 容量瓶中，用水稀释至标线，用慢速滤纸干过滤，弃去 10～20 mL 初滤液，取其中 50 mL 滤液供测定。

（3）二价铁、硫酸盐、硫代硫酸盐等还原性物质的消除：取适量水样（含六价铬 < 50 μg）置于 50 mL 比色管中，加水稀释至标线；加入 4 mL 显色剂（含二苯碳酰二肼为 1 g），混匀，放置 5 min。加入（1:1）硫酸溶液 1 mL，摇匀，放置 5～10 min 后，于 540 nm 波长处，用 10 mm 比色皿，以水作参比，测定吸光度；将测得的吸光度经空白校正后，从标准曲线上查得六价铬含量，用同样的方法做标准曲线。

（4）次氯酸盐等氧化性物质的消除：取适量水样（含六价铬 < 50 μg）置于 50 mL 比色管中，加水稀释至标线，加入（1:1）硫酸溶液 0.5 mL、（1:1）磷酸溶液 0.5 mL、20% 尿素溶液 1.0 mL，摇匀；然后用滴管逐滴加入 2% 亚硝酸钠溶液 1.0 mL，边加边摇，以除去过量的亚硫酸钠与尿素反应所产生的气泡，待气泡散尽后，以下步骤同清洁样品的测定（免去加硫酸溶液和磷酸溶液）。

（二）总铬的测定

1. 清洁水样的测定

一般清洁地表水可直接用高锰酸钾氧化后测定。

移取 50 mL 或适量无色透明或经预处理过的水样 1 份（可做平行），置于 150 mL 锥形瓶中，用氢氧化铵溶液或硫酸溶液调至中性。加入几粒玻璃珠，加入（1∶1）硫酸溶液 0.5 mL 和（1∶1）磷酸 0.5 mL，加水至 50 mL，摇匀。加入 2 滴 4% 高锰酸钾溶液，若红色褪去，可补加高锰酸钾溶液，使保持红色。加热煮沸使溶液体积约剩 20 mL。取下冷却至室温，加入 20% 尿素溶液 1.0 mL，摇匀，然后用滴管逐滴加入 2% 亚硝酸钠溶液，每加一滴充分摇匀，使高锰酸钾的紫红色恰好褪去，不要过量；稍停片刻，待溶液中气泡放尽，即可转入 50 mL 比色管中，用水稀释至标线。加入 0.2% 二苯碳酰二肼显色剂 2 mL，摇匀。放置 5～10 min 后，于 540 nm 波长处，用 10 mm 比色皿，以水作参比，减去空白实验吸光度，从标准曲线上查得铬含量。

2. 不清洁水样的测定

水样如含有大量的有机物或钼、钒、铁、铜金属离子，需按以下要求进行预处理或校正测定：

（1）样品中如含大量的有机物，需用硝酸—硫酸消解法进行消解处理：取 50 mL 或适量样品（含铬小于 50 μg），置于 100 mL 烧杯中，加入 5 mL 浓硝酸和 3 mL 浓硫酸，在电热板上蒸发至冒白烟；如溶液仍有颜色，再加入 5 mL 浓硝酸，重复上述操作，至溶液清澈，冷却。用水稀释至 10 mL，用氢氧化铵溶液调节至 pH 值为 1～2；移入 50 mL 比色管中，稀释至标线，摇匀，供测定。

（2）样品中含有大量钼、钒、铁、铜离子，用铜铁试剂—氯仿萃取除去：取 50 mL 或适量样品（含铬 <50 μg），置于 100 mL 分液漏斗中，用氢氧化铵调至中性（加水至 50 mL）。加入 3 mL（1∶1）硫酸溶液，放在冰水中冷却后，加入 5 mL 5% 铜铁试剂振摇 1 min，置冰水中冷 2 min。每次用 5 mL 氯仿，共萃取 3 次，弃去氯仿层。将水层移入 150 mL 锥形瓶中，用少量水洗涤分液漏斗，洗涤水也并入锥形瓶中。加热煮沸，使水层氯仿挥发后，用硝酸—硫酸消解法进行消解处理，然后按高锰酸钾氧化法测定样品的总铬含量。

（三）空白试验

用 50 mL 实验用水代替水样，按与样品完全相同的处理步骤进行空白试验。

（四）标准曲线的绘制

在 9 支 50 mL 比色管中，分别准确加入含铬 1.0 μg/mL 的标准使用液 0.00、0.20、0.50、1.00、2.00、4.00、6.00、8.00 和 10.00 mL。用水稀释至标线，摇匀，此时每支比色管中铬含量分别为 0.00、0.20、0.50、1.00、

2.00、4.00、6.00、8.00 和 10.00 μg。再分别加入（1:1）硫酸溶液 0.5 mL 和（1:1）磷酸溶液 0.5 mL，摇匀。加入 0.2% 二苯碳酰二肼显色剂 2 mL，摇匀。放置 5~10 min 后，于 540 nm 波长处，用 10 mm 比色皿，以水作参比，测定吸光度；将测得的吸光度经空白校正后，绘制吸光度对铬含量的标准曲线。

注意：如水样经过预处理，测定标准曲线时，从用水稀释至标线这一步开始，其余测定步骤按照和水样相同的预处理和测定步骤操作，绘制吸光度对铬含量的标准曲线。

三、计算

由水样测得的吸光度减去空白试验的吸光度后，从标准曲线上查得水样中铬的浓度：

$$C_{Cr} = m/V$$

式中，C_{Cr} 为水样中铬的浓度，mg/L；m 为由标准曲线查得的六价铬的含量，μg；V 为水样的体积，mL。

从标准曲线上求出样品中总铬和六价铬的含量，并计算三价铬的含量。

四、注意事项

（1）所用玻璃器皿，不能用重铬酸钾洗液洗涤，可用硝酸、硫酸混合液或洗涤剂洗涤。洗涤后要冲洗干净，玻璃器皿内壁要求光洁，防止铬被吸附。

（2）水样采集后应尽快测定。如需保存，测定六价铬的水样用氢氧化钠调节至 pH 约为 8，测定总铬的水样用硝酸调节至 pH 值 <2，并均应在 24 h 内尽快测定。

（3）温度和放置时间对显色有影响，在温度 15℃下放置 5~15 min，颜色即可稳定。

（4）如果水样含六价铬量较高，使用标准溶液可配制成每毫升含 5.00 μg 六价铬的标准溶液，其显色剂的浓度也相应要高，二苯碳酰二肼的称量为 1 g，其他不变。

（5）水样含铬量较高时，用硫酸亚铁铵滴定法测定总铬的含量。

附录 11　大气中二氧化硫的测定
——甲醛吸收—盐酸副玫瑰苯胺分光光度法

二氧化硫是大气中分布较广、影响较大的主要污染物之一，常常以它作为大气污染的主要指标。常用的测定方法有四氯汞盐吸收—副玫瑰苯胺分光光度法、甲醛吸收—副玫瑰苯胺分光光度法和紫外荧光法。本书介绍甲醛吸收—副玫瑰苯胺分光光度法，避免使用毒性大的含汞吸收液。

一、仪器与试剂

（一）仪器

（1）多孔波板吸收管，10 mL 采样管，用于短时间采样。

（2）10 mL 具塞比色管。

（3）大气采样器：流量为 0～1 L/min；型号：KC－6120 或 KC－6D 型。

（4）可见分光光度计：型号：722 型。

（5）电热恒温水浴锅：型号：HH. SY21－Ni8。

（二）试剂

（1）环乙二胺四乙酸二钠溶液（CDTA 二钠），0.050 mol/L：称取 1.82 g 反式 1，2－环乙二胺四乙酸，加入 1.50 mol/L 的氢氧化钠溶液 6.5 mL，溶解后用水稀释至 100 mL。

（2）甲醛缓冲吸收贮备液：量取 36%～38% 的甲醛溶液 5.5 mL 和 0.050 mol/L 的 CDTA 二钠溶液 20.0 mL，称取 2.04 g 邻苯二甲酸氢钾，溶解于少量水中；将三种溶液合并，用水稀释至 100 mL，贮存于棕色试剂瓶中，在冰箱中可保存1年。

（3）*甲醛缓冲吸收液：用水将甲醛缓冲吸收贮备液稀释100倍，照此吸收液每毫升含0.2 mg甲醛，临用时现配。

（4）氢氧化钠溶液（1.50 mol/L）：称取60 g氢氧化钠溶于水，稀释至1 000 mL。

（5）0.60%（m/V）氨磺酸钠：称取0.60 g氨磺酸钠于烧杯中，加入1.50 mol/L氢氧化钠溶液4.0 mL，搅拌至完全溶解后，用水稀释至100 mL，摇匀。贮存于塑料试剂瓶中，此溶液密封保存可使用10天。

（6）0.05%（m/V）盐酸副玫瑰苯胺（PRA）使用液：吸取0.2%盐酸副玫瑰苯胺贮备液25.0 mL（市场购买）于100 mL容量瓶中，加入85%磷酸溶液30 mL、浓盐酸12 mL，用水稀释至标线，摇匀，至少放置24 h方可使用。贮存于棕色瓶中，密封存放于暗处。

（7）碘贮备溶液（1/2 I_2 = 0.10 mol/L）：称取12.7 g碘于烧杯中，加入40 g碘化钾和25 mL水，搅拌至完全溶解，用水稀释至1 000 mL，贮存于棕色试剂瓶中。

（8）*碘使用溶液（1/2碘 = 0.05 mol/L）：量取碘贮备溶液50 mL，用水稀释至100 mL，贮存于棕色试剂瓶中。

（9）*0.05%（m/V）淀粉溶液：称取0.25 g可溶性淀粉，用少量水调成糊状，慢慢倒入50 mL沸水中，继续煮沸至溶液澄清，冷却后储于试剂瓶中。临用时现配。

（10）碘酸钾标准溶液（1/6碘酸钾 = 0.100 0 mol/L）：称取3.567 g碘酸钾（碘酸钾优级纯，在110℃下干燥2h），溶解于水，转入1 000 mL容量瓶中，用水稀释至标线，摇匀。

（11）*（1:9）盐酸溶液：5 mL盐酸溶于45 mL的水中，混匀。

（12）*硫代硫酸钠贮备液（硫代硫酸钠 = 0.10 mol/L）：称取6.25 g硫代硫酸钠（$Na_2S_2O_3$），溶解于250 mL新煮沸并冷却的水中，加0.1 g无水碳酸钠，储于棕色试剂瓶中，放置一周后备用，若溶液出现浑浊时，需要过滤。

（13）*硫代硫酸钠标准使用液（硫代硫酸钠 = 0.05 mol/L）：取硫代硫酸钠贮备液100.0 mL于200 mL容量瓶中，用新煮沸并冷却的水稀释至标线。使用前标定其浓度。

标定方法：吸取2份0.100 0 mol/L碘酸钾溶液10.00 mL，分别置于250 mL碘量瓶中，分别加入70 mL新煮沸并冷却的水，加入1 g碘化钾，摇匀至完全溶解后，加10 mL（1:9）盐酸溶液，立即盖好瓶塞，摇匀，于暗处放置 5 min；用硫代硫酸钠标准使用液滴定至淡黄色，加 0.5% 淀粉溶液 2 mL，继续滴定至蓝色刚好褪去为终点，记录消耗体积（V_1），按下式计算浓度：

$$C_{\mathrm{Na_2S_2O_3}} = \frac{0.1000 \times 10.00}{V_1}$$

式中，$C_{\mathrm{Na_2S_2O_3}}$ 为硫代硫酸钠标准使用液的浓度，mol/L；V_1 为滴定所消耗的硫代硫酸钠标准使用液的体积，mL；0.1000 为碘酸钾标准溶液的浓度，mol/L；10.00 为碘酸钾标准溶液的体积，mL。

（14）＊0.05%（m/V）乙二胺四乙酸二钠盐（EDTA 二钠）溶液：称取 0.125 g EDTA 二钠溶解于 250 mL 新煮沸并冷却水中，临用时现配。

（15）＊二氧化硫标准贮备液：称取 0.200 g 亚硫酸钠，溶解于 200 mL 0.05% 乙二胺四乙酸二钠盐（EDTA 二钠）溶液中，轻轻摇匀，避免振荡，以防充氧，使其溶解。放置 2~3 h 后标定，此溶液每毫升含 320~400 μg 二氧化硫。

标定方法：吸取 2 份上述二氧化硫标准贮备液各 20.00 mL，分别置于 250 mL 碘量瓶中，加入新煮沸并冷却的水 50 mL，加入 0.05 mol/L 碘。使用溶液 20.00 mL，加入冰乙酸 1.0 mL，盖好瓶塞，摇匀，于暗处放置 5 min 后，用已标定的硫代硫酸钠标准使用溶液滴定至淡黄色，加入 0.5% 淀粉溶液 2 mL，继续滴定至蓝色刚好褪去为终点，记录消耗体积（V_2）。

同时另取两份 0.05% 乙二胺四乙酸二钠盐各 20.00 mL，用上述方法做空白滴定，记录消耗体积（V_0）。

平行滴定所用硫代硫酸钠标准溶液体积之差应不大于 0.04 mL。取平均值并计算浓度：

$$C_{\text{二氧化硫溶液}} = \frac{(V_0 - V_2) \times C_{\mathrm{Na_2S_2O_3}} \times 32.02}{20.00} \times 1000$$

式中，$C_{\text{二氧化硫溶液}}$ 为 二氧化硫标准贮备溶液的浓度，μg/mL；V_0 为 空白滴定所消耗硫代硫酸钠标准使用液的体积，mL；V_2 为 二氧化硫标准溶液滴定所消耗硫代硫酸钠标准使用液的体积，mL；$C_{\text{硫代硫酸钠}}$ 为 硫代硫酸钠标准使用液的浓度，mol/L。

（17）＊二氧化硫标准中间液：在标定出二氧化硫标准溶液准确浓度后，立即用甲醛缓冲吸收液将二氧化硫标准贮备溶液稀释成每毫升含 10.00 μg 二氧化硫标准中间液，此溶液在冰箱中 5℃ 保存，可稳定 6 个月。

（18）＊二氧化硫标准使用液：临用时用甲醛缓冲吸收液将二氧化硫标准

中间液稀释成每毫升含 1.00 μg 二氧化硫标准使用液，此溶液在冰箱中 5℃ 保存，可稳定 1 个月。

注：带 * 号为学生自己配制的试剂。

二、实验步骤

（一）采样

（1）短时间采样：用内装 10 mL 甲醛缓冲吸收液的多孔玻璃吸收管以 0.5 L/min 流量采气 45~60 min。采样完毕，用乳胶管封闭进出口，带回实验室供测定。采样时吸收液温度应保持在 23~29℃ 范围内。

（2）24 h 采样：测定 24 h 平均浓度时，用内装 50 mL 甲醛缓冲吸收液的多孔玻璃吸收瓶以 0.2~0.3 L/min 流量，连续采气 24 h。采样时吸收液温度应保持在 23~29℃ 范围内。

（3）样品的采集、运输和储存的过程中应避光：当气温高于 30℃ 时，采样后若不能当天测定，可将样品溶液保存于冰箱中。

（二）标准曲线的绘制

取 14 支 10 mL 的具塞比色管，分 A、B 两组，7 支为一组，以 A 管和 B 管分别编号按附表 11 的参数和方法配制标准系列。

附表 11　标准曲线的绘制

加入溶液（A 组管）	系列管编号						
	0	1	2	3	4	5	6
二氧化硫标准使用液/mL	0.00	0.50	1.00	2.00	5.00	8.00	10.00
甲醛缓冲吸收液/mL	10.00	9.50	9.00	8.00	5.00	2.00	0.00
溶液的二氧化硫含量/μg	0.00	0.50	1.00	2.00	5.00	8.00	10.00
0.6% 氨磺酸钠/mL	0.5 mL 摇匀						
氢氧化钠溶液（1.50 mol/L）/mL	0.5 mL 摇匀						
加入溶液（B 组管）	系列管编号						
	0	1	2	3	4	5	6
0.05% 盐酸副玫瑰苯胺使用液（PAR）/mL	1.0 mL						

加入溶液 （B 组管）	系列管编号						
	0	1	2	3	4	5	6
A 管→B 管	将上述 7 支已加好溶液的 A 管，逐管迅速将溶液全部倒入 7 支对应编号已装有 1.0 mL PAR 的 B 管中，并立即具塞摇匀，放置室温显色或放入恒温水浴中显色						
显色	当 10℃时显色 40 min，稳定 35 min，试剂空白 $A_0 = 0.030$ 当 15℃时显色 25 min，稳定 25 min，试剂空白 $A_0 = 0.035$ 当 20℃时显色 20 min，稳定 20 min，试剂空白 $A_0 = 0.040$ 当 25℃时显色 15 min，稳定 15 min，试剂空白 $A_0 = 0.050$ 当 30℃时显色 5 min，稳定 10 min，试剂空白 $A_0 = 0.060$						
比色测定	用 1 cm 比色皿，于 577 nm 波长处，以水为参比，测定吸光度。试剂空白吸光比色测定度 A_0 在显色固定条件下波动不超过（ ±15）%。以吸光度（扣除试剂空白值）对二氧化硫含量（μg）绘制标准曲线						

（三）样品测定

（1）短时间采样：样品浑浊时，应离心分离除去。采样后样品放置 20 min，以使臭氧分解。将吸收管中的吸收液全部转入 10 mL 具塞比色管内，用少量甲醛缓冲吸收液洗涤吸收管，洗涤液并入具塞比色管中，使其总体积至 10 mL 标线。加 0.6% 氨磺酸钠 0.5 mL 摇匀，放置 10 min，以除去氮氧化物的干扰，以下步骤同标准曲线的绘制。

（2）24 h 采样：将吸收管中的吸收液全部转入 50 mL 具塞比色管内，用少量甲醛缓冲吸收液洗涤吸收管，洗涤液并入具塞比色管中，使其总体积至 50 mL 标线。取吸收液 2~10 mL 置于 10 mL 具塞比色管中，用甲醛缓冲吸收液稀释至标线，加 0.6% 氨磺酸钠 0.5 mL，摇匀，放置 10 min，以除去氮氧化物的干扰，以下步骤同标准曲线的绘制。

三、计算

大气中的二氧化硫（SO_2）浓度可按下式计算：

$$C_{SO_2} = \frac{A - A_0 - a}{b} \times \frac{V_t}{V_a} \times \frac{1}{V_s}$$

式中，C_{SO_2} 为大气中二氧化硫的浓度，mg/m^3；A 为样品溶液的吸光度；A_0 为试剂空白溶液的吸光度；a 为标准曲线的截距，一般要求小于 0.005；b 为标准曲线的斜率，$1/\mu g$；V_t 为采样时所得的样品溶液总体积，mL；V_a 为测定时取入比色管的样品溶液体积，mL；V_s 为换算成标准状况下（273 K，101.325 kPa）的采样体积：

$$V_S = q \times t \times \frac{273}{273 + T} \times \frac{P}{101.325}$$

式中，q 为采样流速，L/min；t 为采样时间，min；T 为采样时的气温，℃；P 为采样时的气压，kPa。

大气中二氧化硫浓度可按下式换算成体积比单位：

$$C_p = \frac{22.4}{64} \times C_{SO_2}$$

式中，C_P 为以 ppm 表示的气体体积浓度；64 为二氧化硫的分子量，g/mol；22.4 为标准状况下气体的摩尔体积，L/mol。

四、注意事项

（1）温度、酸度、显色时间等因素影响显色反应。

（2）采样时吸收液温度应保持在 23 ~ 29℃ 范围内，此温度范围内吸收效率 100%。过高温度或过低温度下其吸收效率都会偏低。最好用恒温水浴控制显色温度。测定时不要超过颜色的稳定时间。

（3）六价铬能使紫红色络合物褪色，产生负干扰，故应避免用铬酸洗液洗涤所用玻璃器皿。若已用此洗液洗涤过，则需用（1∶1）盐酸溶液浸洗，再用水洗涤。

（4）用过的具塞比色管及比色皿应及时用酸洗涤，否则红色难以洗净。具塞比色管用（1∶1）盐酸溶液浸洗，比色皿用（1∶4）盐酸溶液加 1/3 体积乙醇混合液洗涤。

（5）现场采样时，要注意观察不能有泡沫抽出。采样后，用样品溶液洗涤进气口内壁一次，再倒出分析。

（6）采样管与采样器的连接一定要注意连接方向，否则容易造成吸收液倒吸，损坏采样器。

（7）如样品吸光度超过标准曲线上限，则可用试剂空白溶液稀释，在数分钟内再测量其吸光度，但稀释倍数不要超过6。

附录 12　空气中总悬浮颗粒物的测定
——重量法

空气中悬浮颗粒物不仅是严重危害人体健康的主要污染物，而且也是气态、液态污染物的载体，其成分复杂，并具有特殊的理化特性及生物特性，是空气污染监测的重要项目之一。

通过具有一定切割特性的采样器，以恒速抽取定量体积的空气通过已恒重的滤膜，切割器将空气中粒径大于 100 μm 悬浮颗粒物切割除去，100 μm 以下的颗粒物被截留在已恒重的滤膜上，根据采样前、后的滤膜重量之差和采样体积，计算总悬浮颗粒物的浓度。滤膜经处理后，可进行化学组分分析。

一、仪器

（1）中流量采样器：型号：KC – 6120。

（2）滤膜储存袋或盒：储存袋：用于存放采样后对折的采尘滤膜，要有编号、采样日期、采样地点、采样人姓名。盒：用于运送滤膜，使采样前滤膜保持平展、不受折状态。

（3）电子分析天平：型号：BS224S，Max = 110 g，d = 0.1 mg。

（4）镊子：用于夹取滤膜。

（5）滤膜：超细玻璃纤维滤膜。

（6）恒温恒湿箱：箱内空气温度 15～30℃可调，控温精度（± 1）℃，箱内空气湿度应控制在 50%（± 5）%，可连续工作。如条件有限，可在有空调情况下采用干燥器平衡。

二、实验步骤

（一）滤膜准备

检查滤膜是否有穿孔或其他缺损、折痕，然后放置在恒温恒湿箱中于 15～30℃中平衡 24 h，并在此平衡条件下称重（精确到 0.1 mg）。记下平衡温度和滤膜重量 W_0，将其平放在已编号的滤膜袋或滤膜盒中。

（二）采样

打开采样器采样头的顶盖，取出滤膜夹，用清洁干布擦去采样头内和滤膜夹上的灰尘。用镊子将已称重过的滤膜平放在采样器采样头内的滤膜支持网上（绒面向上），用滤膜夹夹紧（对正、拧紧），不漏气。安放好采样头顶盖。按照采样器使用说明书，启动采样器。以 100 L/min 流量采样 4～6 h，记录采样流量和现场的大气压和温度。

（三）采样结束

用镊子轻轻取出滤膜，绒面向里对折，放入对应编号的滤膜袋内密封，与干净滤膜平衡条件相同的温度、湿度下平衡 24 h，或恒重后，称重，精确到 0.1 mg。记录重量 W_1，增量不应 <10 mg。

三、计算

总悬浮颗粒物 TSP 的含量为

$$TSP = \frac{W_1 - W_0}{V_n} \times 1\,000$$

式中，TSP 为总悬浮颗粒物的含量，mg/m^3；W_1 为采样后的滤膜重量，g；W_0 为采样前的滤膜重量，g；V_n 为标准状态下的累积采样体积，m^3。

四、注意事项

（1）实验前检查滤膜有没有缺损。
（2）滤膜采样前必须保持平展无折痕状态。

（3）可吸入颗粒物（PM$_{10}$）的测定方法与 TSP 的测定方法相似，不同的是所用采样头是一个切割粒径 D = 10（±1）μm、几何标准差 = 1.5（±0.1）μm 的切割器。该切割器将 >10 μm 的颗粒物切割除去，然后用重量法测定。